Forschungsberichte

Band 96

Berichte aus dem
Institut für Werkzeugmaschinen
und Betriebswissenschaften
der Technischen Universität
München

Herausgeber:
Prof. Dr.-Ing. G. Reinhart
Prof. Dr.-Ing. J. Milberg

Springer-Verlag Berlin Heidelberg GmbH

Volker Trucks

Rechnergestützte Beurteilung von Getriebestrukturen in Werkzeugmaschinen

Mit 64 Abbildungen

Springer-Verlag
Berlin Heidelberg GmbH 1996

Dr.-Ing. Volker Trucks
Institut für Werkzeugmaschinen und Betriebswissenschaften (iwb), München

Univ.-Prof. Dr -Ing. G Reinhart
o. Professor an der Technischen Universität München
Institut für Werkzeugmaschinen und Betriebswissenschaften (iwb), München

Univ.-Prof Dr.-Ing. J. Milberg
o. Professor an der Technischen Universität München
Institut fur Werkzeugmaschinen und Betriebswissenschaften (iwb), München

D91

ISBN 978-3-540-60959-9 ISBN 978-3-662-09694-9 (eBook)
DOI 10.1007/978-3-662-09694-9

Gesamtherstellung Hieronymus Buchreproduktions GmbH, Munchen .

SPIN 10533843 62/3020-543210

Geleitwort der Herausgeber

Die Produktionstechnik ist für die Weiterentwicklung unserer Industriegesellschaft von zentraler Bedeutung. Denn die Leistungsfähigkeit eines Industriebetriebes hängt entscheidend von den eingesetzten Produktionsmitteln, den angewandten Produktionsverfahren und der eingeführten Produktionsorganisation ab. Erst das optimale Zusammenspiel von Mensch, Organisation und Technik erlaubt es, alle Potentiale für den Unternehmenserfolg auszuschöpfen.
Um in dem Spannungsfeld Komplexität, Kosten, Zeit und Qualität bestehen zu können, müssen Produktionsstrukturen ständig neu überdacht und weiterentwickelt werden. Dabei ist es notwendig, die Komplexität von Produkten, Produktionsabläufen und -systemen einerseits zu verringern und andererseits besser zu beherrschen.
Ziel der Forschungsarbeiten des *iwb* ist die ständige Verbesserung von Produktentwicklungs- und Planungssystemen, von Herstellverfahren und Produktionsanlagen. Betriebsorganisation, Produktions- und Arbeitsstrukturen und Systeme zur Auftragsabwicklung im Unternehmen werden unter besonderer Berücksichtigung mitarbeiterorientierter Anforderungen entwickelt. Die dabei notwendige Steigerung des Automatisierungsgrades darf jedoch nicht zu einer Verfestigung arbeitsteiliger Strukturen führen. Fragen der optimalen Einbindung des Menschen in den Produktentstehungsprozeß spielen deshalb eine sehr wichtige Rolle.
Die im Rahmen dieser Buchreihe erscheinenden Bände stammen thematisch aus den Forschungsbereichen des *iwb*. Diese reichen von der Produktentwicklung über die Planung von Produktionssystemen hin zu den Bereichen Fertigung und Montage. Steuerung und Betrieb von Produktionssystemen, Qualitätssicherung, Verfügbarkeit und Autonomie sind Querschnittsthemen hierfür. In den *iwb*-Forschungsberichten werden neue Ergebnisse und Erkenntnisse aus der praxisnahen Forschung des *iwb* veröffentlicht. Diese Buchreihe soll dazu beitragen, den Wissenstransfer zwischen dem Hochschulbereich und dem Anwender in der Praxis zu verbessern.

Joachim Milberg *Gunther Reinhart*

Vorwort

Die vorliegende Dissertation entstand während meiner Tätigkeit als wissenschaftlicher Mitarbeiter am Institut für Werkzeugmaschinen und Betriebswissenschaften (iwb) der Technischen Universität München.

Herrn Prof. Dr.-Ing. J. Milberg und Herrn Prof. Dr.-Ing. G. Reinhart, den Leitern dieses Instituts, gilt mein besonderer Dank für die wohlwollende und stete Unterstützung sowie für die vielfältigen Anregungen, die zum Gelingen meiner Arbeit entscheidend beigetragen haben.

Herrn Prof. Dr.-Ing. J. Heinzl, dem Leiter des Lehrstuhls für Feingerätebau und Getriebelehre der Technischen Universität München, danke ich für die Übernahme des Korreferates und die aufmerksame Durchsicht der Arbeit.

Darüberhinaus danke ich allen Mitarbeiterinnen und Mitarbeitern des iwb und allen Studenten, die mich in meiner Arbeit unterstützt haben, sehr herzlich.

Regensburg, im Dezember 1995 *Volker Trucks*

Inhaltsverzeichnis

Bezeichnungen

b	m	Breite
c	N/m	Steifigkeit
$\boldsymbol{c}$	N/m	Element-Steifigkeitsmatrix
d	m	Durchmesser
d	Ns/m	viskose Dämpfung
$\boldsymbol{d}$	Ns/m	Element-Dämpfungsmatrix
h	Ns/m	Strukturdämpfung
f_e	Hz	Eigenfrequenz
$\boldsymbol{f}$	N	Kraft
$\boldsymbol{g}$	N	generalisierte Kraft
l	m	Länge
m	kg	Masse
$\boldsymbol{m}$	kg	Element-Massenmatrix
n	-	Anzahl, Ordnung
$\boldsymbol{p}$	m	generalisierte (modale) Koordinaten
t	s	Zeit
$\boldsymbol{v}$	mm, rad	allgemeine Verschiebung
x, y, z	mm	translatorische Koordinaten
$\boldsymbol{C}$	N/m	Steifigkeitsmatrix
$\boldsymbol{C}_e$	N/m	modale Steifigkeit
D_e	-	Lehrsche Dämpfungsgrad
$\boldsymbol{D}$	Ns/m	viskose Dämpfungsmatrix
$\boldsymbol{D}_e$	Ns/m	modale Dämpfung
$\boldsymbol{D}$	kg/s	viskose Dämpfungsmatrix
E	N/m^2	Elastizitätsmodul
$\boldsymbol{F}$	N	Kraft
G	N/m^2	Schubmodul
$\boldsymbol{H}$	Ns/m	Strukturdämpfungsmatrix
I	m^4	Flächenträgheitsmoment
J	kg m^2	Massenträgheitsmoment
M	Nm	Moment
$\boldsymbol{M}$	kg	Massenmatrix
$\boldsymbol{M}_e$	kg	modale Masse

$\boldsymbol{N}$	m/N	dynamische Nachgiebigkeit
$\boldsymbol{T}$	-	Transformationsmatrix
α	rad	Zahnrad-Schrägungswinkel
α, β	-	Proportionalitätsfaktor
η_e	-	Strukturdämpfungsfaktor
ω	rad/s	Frequenz
ω_e	rad/s	Kreisfrequenz der e-ten Eigenform
ω_0	rad/s	Eigenkreisfrequenz
λ	-	komplexer Eigenwert
φ, ψ, ξ	rad	rotatorische Koordinaten
φ_e	-	Eigenvektor der e-ten Eigenform
ψ_{el}	$\sqrt{m/N}$, $\sqrt{rad/Nm}$	Kenn-Nachgiebigkeits-Wurzel
Φ	-	Nachgiebigkeits-Modalmatrix
Ψ	$\sqrt{m/N}$, $\sqrt{rad/Nm}$	steifigkeitsnormierte Modalmatrix

1 Einführung

1.1 Einleitung

Die moderne industrielle Produktionstechnik ist ohne den Einsatz leistungsfähiger Rechenanlagen zur Unterstützung des Menschen bei der Planung und dem Betrieb von Fertigungsanlagen heute nicht mehr vorstellbar. Die Anwendungen reichen dabei von der isolierten, häufig schon PC-basierten Maschinensteuerung über die Verbindung mehrerer Maschinen durch Leitsysteme bis hin zur vollständigen Integration von Konstruktion, Planung und Fertigung im CIM-Verbund [ABELN 1990].

Demgegenüber reicht der Rechnereinsatz beim Entwicklungsprozeß von Werkzeugmaschinen, die wesentlicher Bestandteil moderner Produktionssysteme sind, zumeist über die Verwendung zweidimensionaler CAD-Systeme als Hilfsmittel zur Zeichnungserstellung kaum hinaus. Gerade hier ergibt sich aber ein breites Einsatzgebiet zur Verkürzung der Entwicklungszeiten und zur Verbesserung der Qualität von Konstruktionsentwürfen.

Eine Werkzeugmaschine, die auf dem Markt erfolgreich sein soll, muß eine Reihe von Anforderungen erfüllen, die der Anwender einer Maschine aus den Erfordernissen seiner Produktion ableitet (Bild 1.1). Traditionelle Kriterien zur Bewertung sind *Wirtschaftlichkeit, Genauigkeit*, *Leistung* und *Sicherheit*. Sie sind durch die Betrachtung der einzelnen Werkzeugmaschine selbst gekennzeichnet. Zusätzlich sind heute verstärkt Aspekte zu berücksichtigen, die sich aus der Integration einer Maschine in ihre Umgebung ergeben. In technischer Hinsicht werden daher die Faktoren *Flexibilität* und *Integrationsfähigkeit* in komplexe Fertigungssysteme zur Bewertung herangezogen. Die *Umweltverträglichkeit* einer Maschine hingegen wird eher durch ihre nicht-technischen Schnittstellen nach außen charakterisiert und hat in letzter Zeit wesentlich an Bedeutung gewonnen.

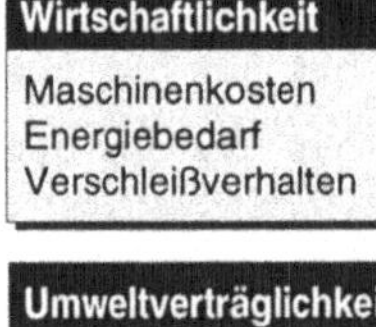

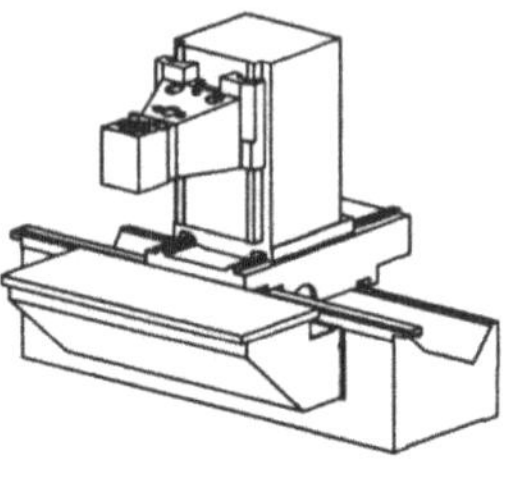

Bild 1.1. Anforderungen an Werkzeugmaschinen

Inwieweit diese Anforderungen des Kunden erfüllt werden, hängt von den Eigenschaften einer Maschine ab, die im Laufe des Entwicklungsprozesses vom Konstrukteur festgelegt werden. Dabei ist zwischen *direkter* und *indirekter* Beeinflussung dieser Eigenschaften zu unterscheiden. Unter direkter Beeinflussung soll dabei ein unmittelbarer, d. h. durch Regeln oder Formeln zu beschreibender Zusammenhang zwischen einer konstruktiven Variablen und einer betrachteten Eigenschaft verstanden werden. Eine indirekte Festlegung ist demgegenüber nicht einfach zu beschreiben und ergibt sich erst aus dem Zusammenwirken mehrerer unterschiedlicher Größen. Die Größe des Arbeitsraums beispielsweise ist durch die Bahnlänge einer Führung eindeutig festgelegt. Der Einfluß dieser Führung auf die Herstellkosten über die Kosten der Kaufteile und die Bearbeitungskosten der Fügeflächen ist erheblich schwieriger zu bestimmen. Die Erfassung der Auswirkungen auf das dynamische Verhalten erfordert schon die exakte Berechnung der gesamten Maschine.

Die Bestimmung des optimalen Wertes für einen Konstruktionsparameter ist i. allg. wesentlich einfacher, wenn eine direkt beeinflußte Eigenschaft betrachtet wird. In diesem Fall kann auf Formeln zur exakten Berechnung, zumindest aber auf festgelegte Konstruktionsrichtlinien zurückgegriffen werden. Dies ist bei indirekt beeinflußten Eigenschaften nicht möglich. Zwar existieren beispielsweise zur dynamikgerechten Bauteilgestaltung gewisse Grundregeln, diese dienen aber eher der Vermeidung bekannter "klassischer" Fehler als der tatsächlichen Ermittlung eines Optimums. Der Einfluß der indirekten Parameter kann daher stets erst nach nahezu vollständiger Konstruktion berechnet oder, wenn keine geeigneten Berechnungsverfahren existieren, nach dem Bau eines Prototypen experimentell beurteilt werden (Bild 1.2).

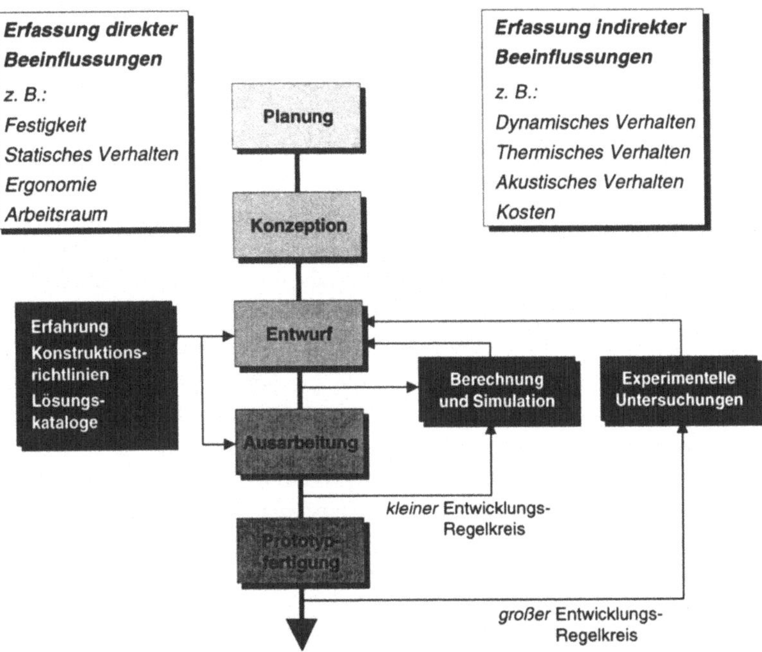

Bild 1.2. Möglichkeiten der Berücksichtigung direkter und indirekter Einflußgrößen in der Konstruktion

Die Kosten eines neuentwickelten Produkts werden zum großen Teil bereits in der Entwurfsphase festgelegt. Falsche Entscheidungen in der Konstruktionsphase führen zwangsläufig zu erhöhten Kosten und zeitlichen Verschiebungen, wenn sie erst nach Fertigstellung einer Maschine erkannt werden [MILBERG 1992a].

Gerade im Bereich der Werkzeugmaschinen ist jedoch der Bau eines Prototypen zur Überprüfung der Konstruktion Stand der Technik, da in den meisten Fällen erst die Messung am realen Objekt Aufschluß über das Betriebsverhalten der Struktur bringt. Eine Beurteilung mit Hilfe der Simulation in den frühen Phasen der Produktentwicklung bietet aber demgegenüber deutliche Vorteile: der erforderliche Aufwand ist geringer und der Informationsrückfluß wird beschleunigt [REIMANN 1991]. Die rechtzeitige Erkennung konstruktiver Mängel stellt daher auch bzw. gerade bei der Entwicklung von Werkzeugmaschinen eine wichtige Forderung dar. Ein geeignetes Hilfsmittel hierzu ist die Simulation der wesentlichen Produkteigenschaften in einer möglichst frühen Produktentstehungsphase.

Dies wird besonders deutlich bei der Bestimmung des dynamischen Verhaltens, das bei Werkzeugmaschinen von großer Bedeutung ist. Schwingungen der Werkzeugmaschine während der Bearbeitung setzen nicht nur die Arbeitsgenauigkeit herab, sie verringern i. allg. aufgrund des erhöhten Werkzeugverschleißes auch die Wirtschaftlichkeit des Prozesses, verursachen hohe Geräuschbelästigungen und können in Extremfällen die Betriebssicherheit gefährden. Meßtechnische Methoden zur Bestimmung der Maschinendynamik besitzen einen hohen Entwicklungsstand [WECK; TEIPEL 1977] und liefern gute Informationen über Schwachstellen und Verbesserungsmöglichkeiten an der ausgeführten Maschine. Neben der geschilderten späten Informationsrückführung besitzen experimentelle Verfahren aber den Nachteil, daß auch die Auswirkungen eventueller Verbesserungsmaßnahmen nicht berechnet, sondern erst an der veränderten Maschine überprüft werden können.

Rechnerische Methoden zur Bestimmung des dynamischen, aber auch des statischen oder thermischen Verhaltens einer Werkzeugmaschine können diesen "großen Regelkreis" der Produktentwicklung deutlich verkürzen (vgl. Bild 1.2). Sie sind zwar ebenfalls sehr weit ausgereift, allerdings steht der Anwendung im Werkzeugmaschinenbau eine Vielzahl praktischer Hemmnisse entgegen:

- Die Berechnungen sind mit hohem Rechenaufwand verbunden und benötigen daher sehr leistungsfähige Hardware, die i. allg. nicht zur Verfügung steht.

- Die zur Modellbildung und Berechnung erforderliche Software verursacht hohe Kosten und erfordert besonders qualifizierte Mitarbeiter [AWK 1990].
- Die Berechnungen müssen nur relativ selten, z. B. bei Neukonstruktionen, durchgeführt werden und rechtfertigen üblicherweise keinen eigenen Spezialisten.

Der Einsatz von Berechnungs- und Simulationssystemen zur Beurteilung des dynamischen Verhaltens von Werkzeugmaschinen ist daher in der Vergangenheit auf den wissenschaftlichen Bereich beschränkt gewesen. Doch gerade im Werkzeugmaschinenbau ist wegen der hohen Bedeutung, die der Maschinendynamik dort zukommt, die Erarbeitung von Methoden von großem Interesse, die eine verbesserte, vor allen Dingen aber eine wesentlich vereinfachte Modellbildung und Berechnung erlauben.

Aufgrund der Komplexität einer gesamten Werkzeugmaschine und der darin verwendeten Bauelemente werden in der Regel für die unterschiedlichen Komponenten verschiedene, jeweils optimal angepaßte Modelle für die Berechnung des Strukturverhaltens verwendet (Bild 1.3). Die Modellierungsansätze für die Maschinenkomponenten unterscheiden sich dabei erheblich:

- Bei der Gestellberechnung müssen komplexe Geometrien hoher Formvielfalt, zumeist versehen mit zusätzlichen Rippen oder Aussparungen, nachgebildet werden. Neben der Berücksichtigung des Eigenverhaltens dieser Komponenten besteht die wesentliche Schwierigkeit in der Modellierung von Führungen und Fügestellen zur Verbindung der Einzelkomponenten. Die Parameter zur Charakterisierung der Steifigkeits- oder Dämpfungseigenschaften dieser Bauelemente sind häufig nur ungenau zu bestimmen.
- Demgegenüber liegen bei Getriebestrukturen grundsätzlich einfachere und gleichartige Geometrien vor. Das Strukturverhalten wird hier maßgeblich durch komplizierte Kopplungsmechanismen unterschiedlicher Freiheitsgrade, z. B. durch Zahnradstufen, festgelegt. Auch dabei besitzt aber die Beschreibung der Fügestellen (z. B. Verzahnungen, Welle-Naben-Verbindungen) noch Unsicherheiten.

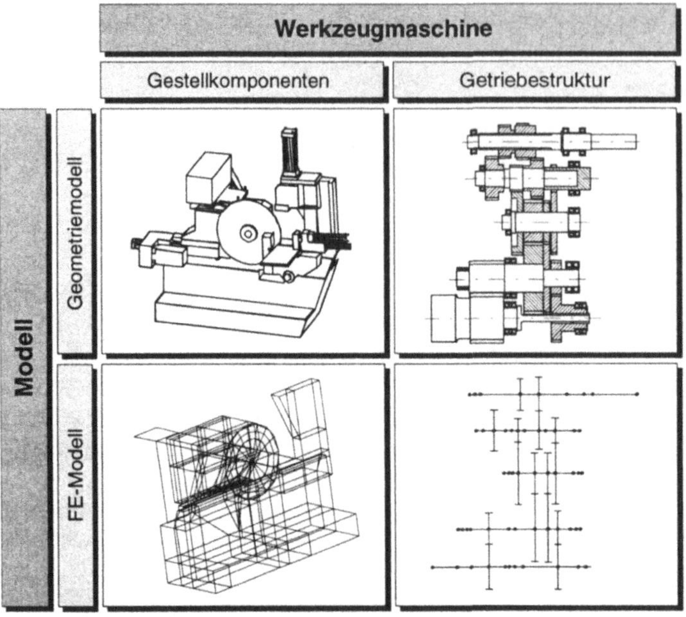

Bild 1.3. Komponenten zur Modellbildung von Werkzeugmaschinen

Neben der getrennten Modellbildung der Werkzeugmaschinenkomponenten wird in vielen Fällen auch die Berechnung des dynamischen Verhaltens getrennt durchgeführt. Dies ist zulässig, wenn die gegenseitige Beeinflussung von Gestell- und Antriebskomponenten als gering angesehen werden kann. Prinzipiell besteht aber die Möglichkeit, die Teilmodelle zu einem Gesamtmodell zu verbinden, das die Eigenschaften von Gestellbauteilen, Getriebestrukturen und ggf. Werkzeugen beschreibt. Der Einfluß der Regelung der Antriebe soll bei dieser Betrachtung zunächst vernachlässigt werden, da in erster Näherung das Eigenverhalten der mechanischen Strukturen berücksichtigt wird.

In der vorliegenden Arbeit wird die Berechnung des dynamischen Verhaltens von Werkzeugmaschinengetrieben im Mittelpunkt stehen. Darüber hinaus soll aber auch aufgezeigt werden, wie eine sinnvolle Kopplung der Berechnungen von Gestellkomponenten und Getriebestrukturen möglich ist. Zu beiden Forschungsbereichen existieren bereits zahlreiche und umfassende Forschungsarbeiten.

1.2 Stand der Forschung

1.2.1 Berechnung von Getriebestrukturen

Die Entwicklung von Verfahren und Hilfsmitteln zum Entwurf und zur Berechnung von Getriebestrukturen stellt im Werkzeugmaschinenbau einen Schwerpunkt der Forschungsarbeiten dar. Dabei ist prinzipiell zu unterscheiden zwischen der rechnergestützten Auslegung von Antrieben und der Nachrechnung bestehender Entwürfe, beispielsweise hinsichtlich des Schwingungsverhaltens.

Die typische Aufgabenstellung bei der Auslegung von Werkzeugmaschinengetrieben liegt dabei in der Festlegung der Drehzahlstufen der Schaltgetriebe und der entsprechenden Auswahl der Übersetzungen, z. B. bei WOLF (1975) oder STRELLER (1982). Diese Problematik ist durch den vermehrten Einsatz stufenlos drehzahlregelbarer Hauptantriebe deutlich in den Hintergrund getreten. Demgegenüber wurden zur Berechnung des dynamischen Verhaltens von Getrieben verschiedene Programmsysteme entwickelt, die eine Nachrechnung bestehender Entwürfe erlauben. Die große Zahl von Veröffentlichungen zu diesem Gebiet, insbesondere in den 70er und 80er Jahren, wird beispielsweise von ÖZGÜVEN u. HOUSER (1988) und GRGIC (1988) dargestellt und systematisiert.

Nach SUMMER (1986) existieren zur Berechnung von Getriebeschwingungen im wesentlichen zwei Ansätze:

1. *Rheonichtlineare* Modelle verfügen über wenige Freiheitsgrade, berücksichtigen aber nichtlineare und zeitvariante Systemparameter, z. B. Zahnflankenspiel oder veränderliche Verzahnungssteifigkeiten. Nach KÜCÜKAY (1987) ist diese komplexe Modellierung des Verzahnungsbereichs dann erforderlich, wenn die Tragfähigkeit oder das Geräuschverhalten im Vordergrund des Interesses stehen. In dieser Arbeit findet sich auch eine ausführliche Darstellung der Literatur zu Modellierungsfragen, vgl. KÜCÜKAY (1981) und GERBER (1984). Rheonichtlineare Systeme werden grundsätzlich durch nichtlineare algebraische Gleichungssysteme beschrieben, die nicht geschlossen

lösbar sind, sondern durch numerische Simulation bzw. Integration gelöst werden müssen.

2. *Lineare* bzw. im Betriebspunkt *linearisierte* Modelle unterliegen aufgrund der in Matrizenschreibweise möglichen Formulierung in der Anzahl ihrer Freiheitsgrade lediglich praktischen Restriktionen aufgrund der erforderlichen Rechenzeit. Der Verzahnungsbereich wird dabei durch Federn mit konstanter Steifigkeit abgebildet. Die Betrachtung dieser Systeme ist dann ausreichend, wenn das Eigenschwingungsverhalten von Getrieben untersucht werden soll.

Die vorliegenden Arbeiten bzw. die vorgestellten Verfahren zur Getriebeberechnung mit Hilfe linearer Modelle können weiter nach der Anzahl der berechneten Freiheitsgrade unterschieden werden:

1. *Modelle zur Berechnung des Torsionsverhaltens*

   BÖHM (1976) entwickelt ein einfaches Verfahren zur Ermittlung der Eigenfrequenzen von maximal 8 Wellen und 6 Massen eines Schaltgetriebes mit Hilfe der Übertragungsmatrizen-Methode. Es wird vorgeschlagen, den Einfluß der Biegung auf die Nachgiebigkeit durch Einführung einer äquivalenten Torsionslänge zu berücksichtigen. Darüber hinaus liefern die von MÜLLER (1980) verwendeten Programme *TORS* und *TONA* Aussagen über Eigenfrequenzen und Eigenformen. Sie basieren zunächst rein auf der Modellierung des Torsionsfreiheitsgrades. Einflüsse aus der Wellenbiegung oder Lagernachgiebigkeiten können nicht mit einbezogen werden; SUMMER (1986) stellt schon bei der 2. Eigenfrequenz einer Teststruktur mit 6 Wellen deutliche Abweichungen fest. Eine Erweiterung dieses Ansatzes zur Berücksichtigung von Radial- und Biegenachgiebigkeiten stellt die getrennte Berechnung der 1. Biegeeigenschwingung und anschließende Einkopplung in das Torsionsmodell dar [GEBHARDT 1981].

2. *Modelle zur Berechnung des Torsions- und Biegeverhaltens*

   GOLD (1979) beschreibt ein 6-Freiheitsgrade-FEM-Programm zur Berechnung mehrstufiger Getriebe, in dem Zahnradstufen als Balkenelemente modelliert werden. Der Verformungszustand der Struktur kann damit in allen Freiheitsgraden ermittelt werden, aber die verwendeten Balkenelemente stellen nicht alle tatsächlich vorhandenen Kopplungen zwischen zwei Knotenpunkten einer Zahnradstufe her. Das von SUMMER (1986) erstellte FEM-Programm *ASDY* ermöglicht eine vollständige Berücksichtigung aller Kopplungsarten einer Zahnradstufe. Es besitzt eine umfassende Elemente-Bibliothek zur Abbildung antriebsspezifischer Bauelemente und erlaubt die Modellierung mehrstufiger, verzweigter Getriebestrukturen. Das Programm *VASDY* bzw. *ELFE-FE*, eine Variante dieses Systems, verfügt als wesentliches zusätzliches Element über das Modell einer Kugelrollspindel-Mutter-Einheit und dient der Berechnung des dynamischen Verhaltens von Vorschubantriebsstrukturen [SIMON 1986], [EUBERT 1988], [EUBERT 1992]. Dies zeigt insbesondere die universelle Anwendbarkeit des verwendeten Modellbildungskonzepts. Nachteilig ist jedoch die Komplexität der Modellerstellung und die unzureichende Einbindung in den Entwicklungsprozeß.

Eine umfassende Darstellung verschiedener Berechnungsmöglichkeiten und konkreter Programme gibt LASCHET (1988). Das System *SIMUL* verfügt wahlweise über einen reinen Torsionsansatz oder einen gekoppelten Torsions-Biege-Ansatz. Darüber hinaus wird dort die Anwendung weiterer getriebespezifischer oder allgemeiner Simulationssysteme zur Berechnung der Getriebedynamik sowie die entsprechende Einordnung der Simulationsverfahren in den Entwicklungsprozeß erläutert (vgl. Abschnitt 3.2.1).

1.2.2 Berechnung von Werkzeugmaschinenkomponenten

Die Berechnung des statischen und dynamischen Verhaltens von Werkzeugmaschinen ist ebenfalls ein intensiv bearbeitetes Feld der Forschung, in dem sich die enorm gesteigerte Leistungsfähigkeit moderner Rechner der letzten Jahre deutlich widerspiegelt.

Zunächst standen prinzipielle Überlegungen zur vereinfachten Modellbildung von Maschinenkomponenten und der näherungsweisen Berechnung im Mittelpunkt, wobei lediglich das statische Verhalten Berücksichtigung fand [HEIMANN 1977]. Zur Berechnung des dynamischen Verhaltens von Werkzeugmaschinen ist neben der Modellierung der mechanischen Gestellstrukturen die Erfassung der Verbindungen verschiedener Bauteile durch ruhende (Schraubverbindungen) oder bewegte Fügestellen (Führungen) erforderlich. Im Gegensatz zur Modellierung der Zahnradstufen bei Getriebestrukturen ist hierbei nicht die Berücksichtigung der Kopplungen unterschiedlicher Freiheitsgrade, sondern die sichere Parameterbestimmung, insbesondere der Dämpfung, das entscheidende Problem. FINKE (1977) entwickelte dazu ein entsprechendes Modellierungsverfahren.

PETUELLI (1983) untersuchte den Einfluß bewegter und unbewegter Fügestellen auf das dynamische Verhalten von Werkzeugmaschinen mit dem Ziel der analytischen Bestimmung der Parameter. Er stellte zum einen fest, daß die Führungen entscheidenden Einfluß auf das Gesamtverhalten einer Werkzeugmaschine haben, daß zum anderen aber die Charakterisierung des Übertragungsverhaltens beispielsweise von Gleitführungen mit einer großen Parameterunsicherheit behaftet ist. Die rechnerische Bestimmung des dynamischen Verhaltens war damit für genaue Berechnungen zur Beurteilung von Konstruktionsentwürfen nur sehr eingeschränkt möglich. Die zunehmende Verwendung von Linear-Wälzführungseinheiten, deren Übertragungsverhalten deutlich genauer zu definieren ist [GRUNAU; GIESE 1991], erlaubt dagegen eine exakte Bewertung von Gestellbauteilen und kompletten Werkzeugmaschinen [ALBERTZ 1993].

Aufgrund der großen Komplexität von Gestellstrukturen wurde frühzeitig daran gearbeitet, Hilfsmittel zur Modellgenerierung zu erstellen. Dabei sind im wesentlichen zwei Wege zu unterscheiden:

1. *Entwicklung spezieller Programme zur vereinfachten Eingabe*

   Diese Programmsysteme werden durch die eigene Methodik der Modellierung, ähnlich dem oben beschriebenen Vorgehen bei der Modellbildung von Antrieben, den besonderen Anforderungen der komplexen Gestellbauteile gerecht [BAUER 1991].

2. *Nutzung von Standard-CAD-Systemen zur Modellierung*

   Ziel dieses Ansatzes ist insbesondere die Verringerung der Datenvielfalt bzw. die Vermeidung erneuter Dateneingabe in Konstruktion und Berechnung. Neben der Verknüpfung von CAD- und FEM-Systemen über Datenschnittstellen bieten vor allem neuere CAD-Systeme die

Möglichkeit, Teilfunktionen, z. B. die Vernetzung, innerhalb der CAD-Umgebung durchzuführen. Konstruktion und Berechnung von Werkzeugmaschinen bzw. deren Komponenten können so optimal integriert werden.

Mit zunehmender Vereinfachung der Modellbildung und steigender Leistungsfähigkeit der zur Verfügung stehenden Programmsysteme hat sich auch die Zielsetzung bei der FE-Berechnung von Werkzeugmaschinen verändert. Im Sinne des Simultaneous Engineering hat sie sich von der reinen Nachrechnung ausgewählter Bauteile in der Ausarbeitungsphase zur Auslegungs- oder Optimierungsrechnung in der Konzept- und Entwurfsphase gewandelt. Hier existieren ebenfalls unterschiedliche Ansätze. Für einfachere Problemstellungen, z. B. zur Gewichtsverringerung unter Beachtung der statischen oder thermischen Verformung, gibt es bereits leistungsfähige Systeme zur automatischen Optimierung, die auch zur Erstellung von Lösungskatalogen verwendet werden können [VDG 1991]. Für komplexere Berechnungsaufgaben, insbesondere für die Optimierung mechanischer Strukturen hinsichtlich ihres dynamischen Verhaltens sind vergleichbare Systeme bisher nicht bekannt. Allerdings wurde die Modellbildung und Berechnung soweit vereinfacht, daß die Bewertung eines Entwurfs sehr schnell geschehen kann und somit die Möglichkeit besteht, in kurzer Zeit verschiedene Varianten zu vergleichen und daraus die optimale auszuwählen.

1.3 Zielsetzung der Arbeit

Die Modellbildung mechanischer Strukturen von Werkzeugmaschinen zur Bestimmung ihres dynamischen Verhaltens im Konstruktionsstadium ist grundsätzlich mit guten Ergebnissen durchführbar. Die dazu verwendbaren Systeme sind jedoch häufig nicht optimal in den Konstruktionsablauf integriert, erfordern ausgeprägte Spezialkenntnisse, oder sie sind kompliziert in der Anwendung. Die Resultate der Berechnungen sind vom Konstrukteur selber in den meisten Fällen nur schwer zu interpretieren und in konkrete Maßnahmen umzusetzen. Dies gilt für Getriebestrukturen von Werkzeugmaschinen im besonderen Maße.

Ziel dieser Arbeit ist daher die Erstellung eines Systems zur Modellierung und Berechnung der Dynamik von Getriebestrukturen, das optimal in die Konstruktionsumgebung eingepaßt ist. Schwerpunktmäßig soll damit ein Instrument zur Verfügung gestellt werden, das anstelle einer dem Entwurf nachgeschalteten, gesonderten Berechnung die schnelle und einfache Bewertung im eigentlichen Konstruktionsablauf bietet. Dazu müssen das Geometriemodell der Konstruktion und das Berechnungsmodell eng verknüpft sein. Das System selbst soll einfach und anschaulich zu bedienen sein, um Modellierungsfehler zu vermeiden. Insbesondere sollen zur Auswertung der Ergebnisse Interpretationshilfen vorhanden sein, die auch ohne Berechnungsspezialisten klare Analysen der betrachteten Strukturen erlauben. Dies gewährleistet einen schnellen Informationsrückfluß und die direkte Umsetzung der gewonnenen Erkenntnisse im Konstruktionsprozeß.

Durch ausreichende Änderungsflexibilität der Modelle wird sichergestellt, daß eine optimale, bzw. dem Optimum nahe Lösung mit vertretbarem Modellierungs- und Berechnungsaufwand gefunden werden kann. Dies trägt zu einer deutlich verkürzten Entwicklungszeit und einer besseren Entwurfsqualität bei. Die sinnvolle Einbeziehung kommerzieller CAD- oder Berechnungssysteme verbessert die Integration in den Konstruktionsprozeß und kann so ebenfalls zu einer Beschleunigung der Abläufe beitragen.

Bei der Berechnung von Werkzeugmaschinen und ihren Getriebestrukturen wird die getrennte Berechnung der Getriebe in vielen Fällen ausreichend sein. Darüber hinaus soll die Möglichkeit geschaffen werden, die einzelnen Teilmodelle von Getriebe- und Gestellstrukturen einer Werkzeugmaschine miteinander zu verbinden. Auf diese Weise wird die Modellierung der gesamten, das Nachgiebigkeitsverhalten an der Zerspanstelle beeinflussenden, Struktur erreicht. Damit wird ein erstes Modell zur Berechnung des Zerspanungsverhaltens einer kompletten Werkzeugmaschine zur Verfügung stehen.

2 Theoretische Grundlagen der Schwingungslehre

2.1 Schwingungen an Werkzeugmaschinen

Um die Einflußgrößen auf das Schwingungsverhalten von Werkzeugmaschinen zu charakterisieren, ist es zweckmäßig, die verschiedenen Arten von Schwingungen zu betrachten, die sich störend auf den Betrieb auswirken können (Bild 2.1), [WECK; TEIPEL 1977], [MILBERG 1992c].

Art	Freie Schwingungen	Fremderregte Schwingungen	Selbsterregte Schwingungen
Kennzeichen	Abklingende Schwingung in mehreren überlagerten Eigenformen	Schwingung in der Frequenz der äußeren Anregung	Schwingung annähernd mit Eigenfrequenz und in Eigenform
Ursache	Kurzzeitige äußere Anregung z. B. über das Fundament oder ruckartige Verfahrbewegung	Periodische äußere Störkraft, z. B. Unwuchten, Zahneingriffstöße, wechselnde Schnittkräfte, unterbrochener Schnitt, Messereingriffstoß	Fallende Schnittkraft-Schnittgeschwindigkeit-Charakteristik, Aufbauschneidenbildung, Lagekopplung, Regenerativeffekt

Bild 2.1. Schwingungen an Werkzeugmaschinen und ihre Ursachen

Freie Schwingungen in einer Überlagerung aller möglichen Eigenschwingungsformen einer Maschine treten beim Ausschwingen nach ruckartiger äußerer Anregung auf. Sie sind lediglich bei hochgenauen Maschinen und speziellen Bearbeitungsfällen problematisch.

Fremderregte Schwingungen resultieren aus einer periodisch wirkenden äußeren Anregung der Maschine. Die Frequenz der Maschinenschwingung entspricht grundsätzlich der Anregungsfrequenz, die Amplitude wird vom Nachgiebigkeitsverhalten der Maschine und der Art der äußeren Anregung beeinflußt. Störungen treten i. allg. dann auf, wenn die Frequenz der äußeren Anregung in der Nähe einer Eigenfrequenz der Werkzeugmaschine liegt.

Selbsterregte Schwingungen an Werkzeugmaschinen sind in einer Instabilität des Gesamtsystems *Maschine und Zerspanprozeß* begründet [DANEK u.a. 1962]. Ihr Auftreten ist somit außer vom Maschinenverhalten auch von der Charakteristik des Zerspanvorgangs abhängig.

Zur vollständigen Beurteilung des dynamischen Verhaltens einer Werkzeugmaschine ist für den Hersteller die Kenntnis des Nachgiebigkeitsverhaltens der Maschine, der Art und Größe der äußeren Anregung und der Technologie der Zerspanung erforderlich.

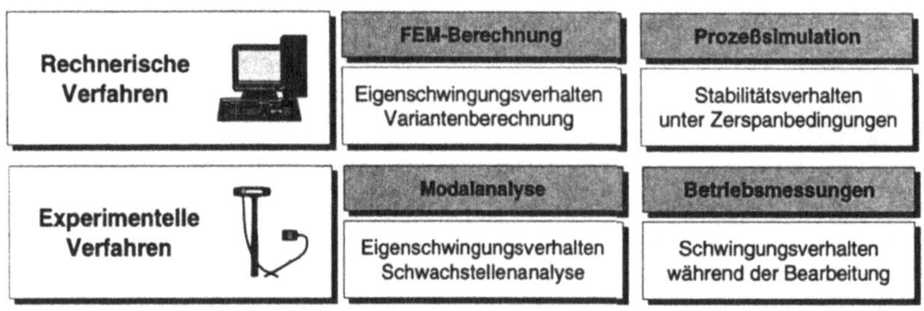

Bild 2.2. Verfahren zur Beurteilung des dynamischen Verhaltens von Werkzeugmaschinen

In der Praxis existieren verschiedene Möglichkeiten, die Maschinendynamik zu erfassen und zu bewerten (Bild 2.2). Traditionell bilden experimentelle Verfahren die Grundlage dieser Untersuchungen [TOBIAS 1961], [WECK 1985]. Die Analyse konkreter Störfälle, z. B. anhand des Bearbeitungsergebnisses führt auf erste Aussagen über Art und Ausmaß der Störungen. Durch Betriebsmessungen, d. h. Schwingungsmessungen während der Bearbeitung, wird üblicherweise das Verhalten der Maschine unter äußerer Anregung durch den Zerspanprozeß erfaßt. Durch gezielte Variation der Betriebsparameter oder äußerer Einflußgrößen wird versucht, den Anregungsmechanismus der Schwingung zu identifizieren.

Die experimentelle Modalanalyse liefert Aussagen über das Eigenschwingungsverhalten der Werkzeugmaschine und erlaubt eine gezielte

Lokalisierung struktureller Schwachstellen zur Bestimmung konstruktiver Verbesserungen. Dazu stehen Methoden zur Verfügung, die speziell an die Anforderungen zur Beurteilung von Werkzeugmaschinen oder bestimmten Bauelementen von Werkzeugmaschinen angepaßt wurden. Dazu zählen z. B. möglichst geringer apparativer Aufwand, exakte Trennung auch eng benachbarter Eigenformen oder gute Beurteilung der Linearität der untersuchten Strukturen schon während der Messungen [EIBELSHÄUSER 1990], [KIRCHKNOPF 1989]. Als Beurteilungskriterium eignet sich die dynamische Nachgiebigkeit (vgl. Abschnitt 2.2.2.2) zwischen Werkzeug und Werkstück an der Zerspanstelle, wobei Erfahrungswerte aus Messungen gleichartiger Maschinen zum Vergleich herangezogen werden können und eine Einordnung der zu bewertenden Maschine erlauben [VDW 1978].

Gegenüber den meßtechnischen Untersuchungen hat die rechnerische Bestimmung des Maschinenverhaltens in den letzten Jahren zunehmend an Bedeutung gewonnen. Dies ist zum einen begründet in der enormen Steigerung der verfügbaren Rechnerleistung und der deutlich verbesserten Genauigkeit sowie der einfacheren Anwendung der entsprechenden Methoden und Programme. Mit Hilfe der Finite-Elemente-Methode ist eine Modalanalyse auf rechnerischem Weg möglich. Sie liefert den experimentellen Untersuchungen vergleichbare Resultate und ist daher sowohl zur Beurteilung von Maschinenentwürfen als auch zur Schwachstellenanalyse geeignet.

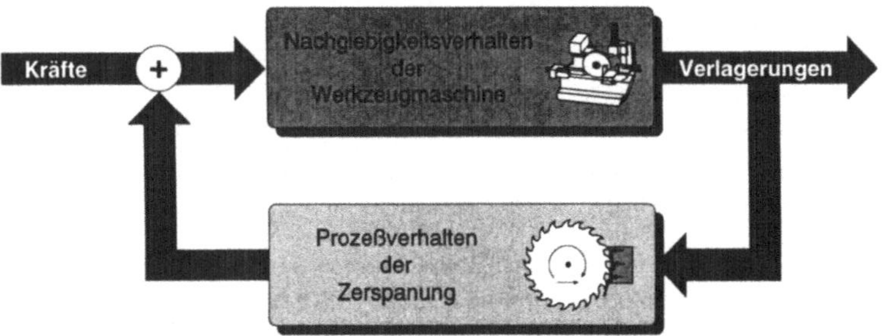

Bild 2.3. Grundstruktur eines Prozeßmodells zur Bearbeitungssimulation am Beispiel des Kreissägens

Aufbauend auf einem rechnerisch oder experimentell gewonnenen Modell des Nachgiebigkeitsverhaltens einer Werkzeugmaschine lassen sich Prozeßmodelle aufstellen, die neben dem Maschinenverhalten auch den Zerspanprozeß berücksichtigen (Bild 2.3). Mit Hilfe dieser Verfahren können direkt die Auswirkungen der Nachgiebigkeitsergebnisse auf den interessierenden Zerspanprozeß bestimmt werden [MILBERG 1971], [MAULHARDT 1991], [ZÄH 1994].

In jedem Fall ist jedoch eine möglichst genaue Modellierung und realitätsnahe Berechnung des dynamischen Verhaltens einer Werkzeugmaschine die entscheidende Voraussetzung für aussagekräftige Ergebnisse und eine korrekte Beurteilung in der Konzeptionsphase.

2.2 Grundprinzipien der Strukturdynamik

Zur Beschreibung von einfachen mechanischen Schwingerketten können Feder-Masse-Dämpfer-Modelle mit einer geringen Zahl von Freiheitsgraden verwendet werden, die eine einfache Aufstellung der Bewegungsgleichungen und deren Lösung erlauben.

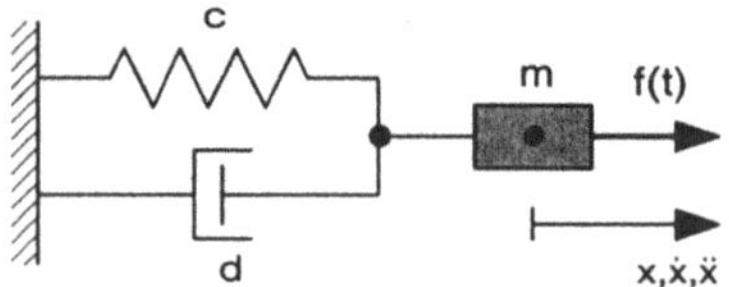

Bild 2.4. Ein-Massen-Schwinger mit einem Freiheitsgrad

Für einen durch Masse m, Dämpfung d und Steifigkeit c beschriebenen, viskos gedämpften Ein-Massen-Schwinger gemäß Bild 2.4 ergibt sich beispielsweise die Bewegungsdifferentialgleichung des Systems zu

$$m \cdot \ddot{x} + d \cdot \dot{x} + c \cdot x = f(t). \tag{2.1}$$

Der Ansatz $x = \hat{x} \cdot \mathrm{e}^{\lambda t}$ führt mit komplexwertigem λ direkt auf die Lösung des homogenen Teils

$$\lambda_{1,2} = -\frac{d}{2m} \pm \sqrt{\left(\frac{d}{2m}\right)^2 - \frac{c}{m}}. \tag{2.2}$$

Im Falle schwacher Dämpfung mit $\sqrt{c/m} > d/2m$ beschreibt diese Lösung eine abklingende Schwingung. Mit den üblichen Abkürzungen: Eigenkreisfrequenz des zugehörigen ungedämpften Systems $\omega_0 = \sqrt{c/m}$, Lehrsche Dämpfung $D = d/2\sqrt{cm}$ wird (Gl. 2.2) zu

$$\lambda_{1,2} = -\omega_0 \cdot D \pm \mathrm{j}\omega_0\sqrt{1-D^2}\,. \tag{2.3}$$

Unter Verwendung der *modalen* Parameter Verformung $\hat{x}$, Eigenfrequenz ω_0 und Lehrsche Dämpfung D lautet die Beschreibung des Ein-Massen-Schwingers im Zeitbereich

$$x(t) = \hat{x} \cdot \mathrm{e}^{-\omega_0 D t} \cdot \mathrm{e}^{\mathrm{j}(\omega_0\sqrt{1-D^2})t}\,. \tag{2.4}$$

Bei harmonischer Erregung mit der periodischen Kraft $f = \hat{f} \cdot e^{\mathrm{j}\omega t}$ folgt durch Einsetzen der periodischen Ansatzfunktionen für Kraft und Bewegung die frequenzabhängige Nachgiebigkeit des Schwingungssystems zu

$$N(\omega) = \frac{\hat{x}(\omega)}{\hat{f}(\omega)} = \frac{1}{c - \omega^2 m + \mathrm{j}\omega d}\,. \tag{2.5}$$

Bei komplizierteren Systemen müssen zur Beschreibung Modelle mit vielen Freiheitsgraden herangezogen werden [KRÄMER 1984]. Sowohl die Verfahren zur Aufstellung als auch diejenigen zur Lösung der Bewegungsgleichungen unterscheiden sich von denen für einfache oder mehrgliedrige (bis zu 10 Freiheitsgrade) Systeme. Ziel dieser Verfahren ist zum einen die Verringerung der Modellgröße durch eine Reduktion der Anzahl der Freiheitsgrade, zum anderen eine Entkopplung der Bewegungsgleichungen zur Vereinfachung der Berechnungen. Ein übliches Verfahren zur Lösung derartiger Problemstellungen, die Finite-Elemente-Methode, soll im folgenden als Grundlage des in dieser Arbeit verwendeten Berechnungsprogramms vorgestellt werden.

2.2.1 Die Methode der Finiten Elemente

Das Grundprinzip der FEM ist die Unterteilung des zu berechnenden Systems in eine endliche Anzahl von Elementen, die selbst wiederum durch eine endliche Zahl von Zustandsgrößen zur Beschreibung der

Elementverformung charakterisiert werden. Auf diese Weise kann jedes kontinuierliche mechanische System diskretisiert und durch eine endliche Zahl von Koordinaten beschrieben werden, die über lineare Differentialgleichungssysteme gekoppelt sind. Mit entsprechender Rechnerleistung ist die Lösung derartiger diskret beschriebener Systeme möglich.

Die aufeinander aufbauenden Teilschritte bei der Anwendung dieses Verfahrens auf strukturdynamische Probleme sind:

1. Aufstellung der Steifigkeits- und Massenmatrizen auf der Ebene einzelner, finiter Elemente,
2. Transformation der elementweise erstellten Steifigkeits- und Massenmatrizen in ein globales Koordinatensystem,
3. Zusammensetzen der Elementmatrizen zu einer Gesamt-Systemmatrix und Einfügen der Randbedingungen,
4. Lösung des Gleichungssystems.

2.2.1.1 Aufstellung der Elementmatrizen

Ein finites Element beinhaltet einen oder mehrere Knotenpunkte, die seine Lage und Ausdehnung beschreiben. Das in Bild 2.5 dargestellte allgemeine Balkenelement erfaßt die Biegungs- und Torsionseigenschaften eines Zug-Torsions-Stabes durch 2 × 6 Freiheitsgrade der Knotenpunkte 1 und 2.

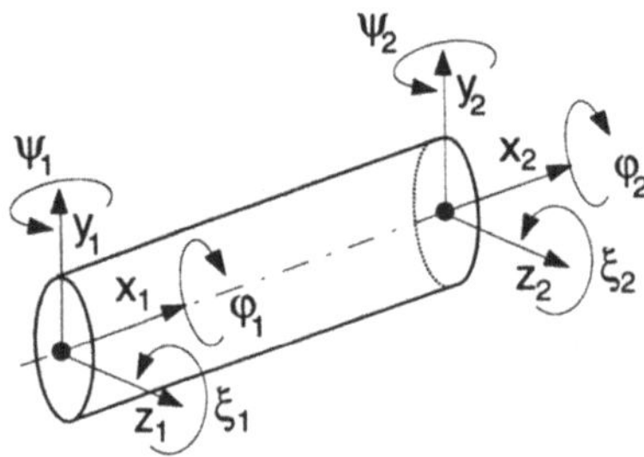

Bild 2.5. Allgemeines Balkenelement

Der Zusammenhang zwischen den auf diesen Körper wirkenden Kräften $\boldsymbol{f}$ und den daraus resultierenden translatorischen und rotatorischen Verschiebungen $\boldsymbol{v}$ läßt sich in der Form darstellen

$$\boldsymbol{f} = \boldsymbol{c} \cdot \boldsymbol{v}. \tag{2.6}$$

Unter der Annahme kleiner Verformungen und der Gültigkeit des Hooke'schen Federgesetzes kann die Matrix $\boldsymbol{c}$ als Steifigkeitsmatrix des Elements angesehen werden. Sie folgt aus der Statik oder kann ebenso wie die Massenmatrix $\boldsymbol{m}$ durch Anwendung des Galerkin-Verfahrens und Auswahl der entsprechenden Ansatzfunktion gewonnen werden, wie in [KRÄMER 1984] oder [KLEIN 1990] gezeigt wird.

Die Ordnung der Elementmatrizen richtet sich nach der Zahl der Knotenpunkte des betrachteten Elementes. Das gezeigte Balkenelement mit 2 Knotenpunkten besitzt Steifigkeits- und Massenmatrizen der Dimension 12×12, während beispielsweise eine einzelne Starrkörpermasse lediglich eine 6×6-Massenmatrix aufweist.

Die Erstellung der zugehörigen Dämpfungsmatrizen wird in Abschnitt 5.5 näher beschrieben. Der Anschaulichkeit halber wird hier zunächst nur auf die Modellbildung und Berechnung des konservativen Systems eingegangen.

2.2.1.2 Richtungstransformation

Gleichung 2.6 gilt auf der Systemebene nur dann, wenn alle Verschiebungen v_i und Kräfte f_i in einem einheitlichen, globalen Koordinatensystem als $\bar{v}_i$ und $\bar{f}_i$ angegeben werden. Da der Verschiebungsansatz in einem lokalen, auf das Einzelelement bezogenen Koordinatensystem aufgestellt wird, müssen bei der Aufstellung der Gleichung für das zusammengesetzte Gesamtsystem die Elementmatrizen in das globale Koordinatensystem transformiert werden.

Dies geschieht mit Hilfe der Systemtransformationsmatrix $\boldsymbol{T}$ und den Transformationsgleichungen

$$\boldsymbol{f} = \boldsymbol{T} \cdot \bar{\boldsymbol{f}}, \text{ bzw. } \boldsymbol{v} = \boldsymbol{T} \cdot \bar{\boldsymbol{v}}. \tag{2.7}$$

Die im lokalen System aufgestellten Verschiebungsgleichungen können damit in ein einheitliches, globales Koordinatensystem überführt werden, wobei aufgrund der Orthogonalität sowohl des lokalen als auch des globalen Systems $\boldsymbol{T}^T = \boldsymbol{T}^{-1}$ gesetzt werden kann

$$\bar{f} = T^T \cdot c \cdot T \cdot \bar{v} = \bar{c} \cdot \bar{v}. \tag{2.8}$$

Aus (Gl. 2.8) ergibt sich die Transformationsvorschrift zur Aufstellung der globalen Steifigkeitsmatrix zu

$$\bar{c} = T^T \cdot c \cdot T. \tag{2.9}$$

Die Transformation der Massenmatrix erfolgt analog.

2.2.1.3 Superposition der Elementmatrizen auf Systemebene

Nachdem die Elementmatrizen einzeln erstellt und vom jeweiligen lokalen in das system-einheitliche, globale Koordinatensystem transformiert wurden, müssen die Matrizen in geeigneter Weise zu einer systembeschreibenden Gesamtmatrix zusammengesetzt werden. Dazu sind die Elementmatrizen durch Superposition, d. h. elementweise Addition der Einzelmatrizen in eine Systemmatrix einzubauen. Bild 2.6 verdeutlicht, wie diese Überlagerung vorzunehmen ist. Jede 6×6-Untermatrix einer Elementmatrix ist an der Stelle aufzuaddieren, die den am Element beteiligten Knotenpunkten entspricht. Die eindeutige Festlegung der Knotenpunktsnumerierung stellt daher eine entscheidende Voraussetzung für die korrekte Erstellung der Systemmatrizen dar.

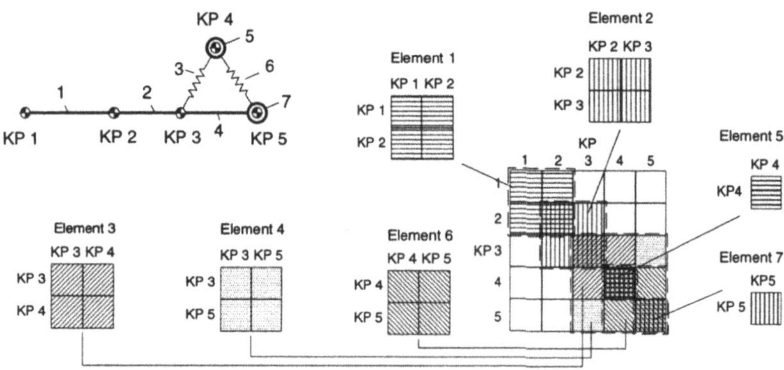

Bild 2.6. Superposition der Elementmatrizen

2.2.2 Dynamische Analyse

Auf der Grundlage der systembeschreibenden Steifigkeits- und Massenmatrizen ist es möglich, einen funktionalen Zusammenhang zwischen den Verschiebungen der Struktur und den angreifenden Kräften in Abhängigkeit von der Zeit herzustellen. Die modale Beschreibung, die durch die FE-Berechnung gewonnen werden kann, stellt eine sehr effiziente Lösung dieses Problems dar.

2.2.2.1 Modale Berechnung mechanischer Strukturen

Analog zu (Gl. 2.1) lautet die Bewegungsdifferentialgleichung eines vielgliedrigen Systems mit n Freiheitsgraden

$$\boldsymbol{M} \cdot \ddot{\boldsymbol{v}} + \boldsymbol{D} \cdot \dot{\boldsymbol{v}} + \boldsymbol{C} \cdot \boldsymbol{v} = \boldsymbol{f}(t). \qquad (2.10)$$

Die $6{\cdot}n \times 6{\cdot}n$-Matrizen $\boldsymbol{M}$, $\boldsymbol{C}$ und $\boldsymbol{D}$ charakterisieren die Massen-, Steifigkeits- und Dämpfungseigenschaften der Gesamtstruktur, die durch Superposition der auf der Elementebene gebildeten und koordinatentransformierten Untermatrizen $\overline{\boldsymbol{m}}$, $\overline{\boldsymbol{c}}$ und $\overline{\boldsymbol{d}}$ erzeugt werden. Die Koeffizienten dieser Matrizen werden als konstante, von den Verschiebungen und Kräften unabhängige Systemgrößen angenommen. Nur unter diesen Voraussetzungen sind mit den im folgenden beschriebenen Algorithmen numerische Lösungen der Bewegungsgleichung zu ermitteln.

Es kann gezeigt werden, daß die Modalmatrix $\boldsymbol{\Phi}$, d. h. die Matrix der Eigenvektoren für die Eigenwertaufgabe des zugehörigen ungedämpften Systems

$$\boldsymbol{M} \cdot \ddot{\boldsymbol{v}} + \boldsymbol{C} \cdot \boldsymbol{v} = \boldsymbol{0} \qquad (2.11)$$

geeignet ist, um (Gl. 2.10) zu entkoppeln, d. h. als System von n linear unabhängigen Schwingungsgleichungen darzustellen. Dazu wird wiederum der komplexe Ansatz

$$\boldsymbol{v} = \hat{\boldsymbol{v}} \cdot \mathrm{e}^{\mathrm{j}\omega t} \qquad (2.12)$$

verwendet. Für ein Schwingungssystem mit n Knotenpunkten erfüllen n Eigenwerte $\lambda_e = \omega_e^2$ bzw. Eigenfrequenzen $f_e = \omega_e/(2 \cdot \pi)$ mit den dazugehörigen Eigenvektoren φ_e die Gleichung

$$\left(\boldsymbol{C} - \omega_e^2 \boldsymbol{M}\right) \cdot \varphi_e = \boldsymbol{0}. \tag{2.13}$$

Die aus den Eigenvektoren aufgebaute Modalmatrix lautet

$$\Phi = \left[\varphi_1, \quad \varphi_2, \quad \ldots, \quad \varphi_n\right]. \tag{2.14}$$

Die Einführung eines modalen Koordinatenvektors $\boldsymbol{p}$ mit

$$\boldsymbol{v} = \Phi \cdot \boldsymbol{p} \tag{2.15}$$

und Multiplikation mit Φ^T führt in (Gl. 2.10) bei Vernachlässigung der Dämpfung auf

$$\Phi^T \cdot \boldsymbol{M} \cdot \Phi \cdot \ddot{\boldsymbol{p}} + \Phi^T \cdot \boldsymbol{C} \cdot \Phi \cdot \boldsymbol{p} = \Phi^T \boldsymbol{f}(t). \tag{2.16}$$

Die Massen- und Steifigkeitsmatrizen werden durch diese Multiplikation mit der Modalmatrix und ihrer Transponierten diagonalisiert [KRÄMER 1984]

$$\begin{aligned} \Phi^T \cdot \boldsymbol{M} \cdot \Phi &= \operatorname{diag} \boldsymbol{M}_e \\ \Phi^T \cdot \boldsymbol{C} \cdot \Phi &= \operatorname{diag} \boldsymbol{C}_e. \end{aligned} \tag{2.17}$$

Die Diagonalmatrizen $\boldsymbol{M}_e$ und $\boldsymbol{C}_e$ werden als *modale* oder *generalisierte* Massen bzw. Steifigkeiten bezeichnet. Mit der auf dieselbe Art ermittelten generalisierten Kraft $\boldsymbol{g}_e(t) = \Phi^T \boldsymbol{f}(t)$ lautet die mittels der Modaltransformation in entkoppelter Form, d. h. als Superposition von n voneinander unabhängigen Schwingungsgleichungen dargestellte Systemgleichung

$$\boldsymbol{M}_e \cdot \ddot{\boldsymbol{p}} + \boldsymbol{C}_e \cdot \boldsymbol{p} = \boldsymbol{g}_e(t), \text{ bzw.} \tag{2.18a}$$

$$\begin{bmatrix} M_1 & 0 & 0 \\ 0 & \ddots & 0 \\ 0 & 0 & M_\mathrm{n} \end{bmatrix} \cdot \begin{Bmatrix} \ddot{p}_1 \\ \vdots \\ \ddot{p}_\mathrm{n} \end{Bmatrix} + \begin{bmatrix} C_1 & 0 & 0 \\ 0 & \ddots & 0 \\ 0 & 0 & C_\mathrm{n} \end{bmatrix} \cdot \begin{Bmatrix} p_1 \\ \vdots \\ p_\mathrm{n} \end{Bmatrix} = \begin{Bmatrix} g_1 \\ \vdots \\ g_\mathrm{n} \end{Bmatrix}. \tag{2.18b}$$

2.2.2.2 Dynamische Kenngrößen und Systemverhältnisse

Die Eigenvektoren φ_e, die durch numerische Lösung des Eigenwertproblems ermittelt wurden, sind beliebig skaliert. Um sie untereinander vergleichen zu können, ist eine geeignete Normierung durchzuführen. Außerdem sind Kenngrößen zu definieren, die eine übersichtliche Darstellung und eindeutige Beurteilung erlauben. Die entsprechenden Größen sollen hier zunächst theoretisch eingeführt werden, ihre konkrete Anwendung wird in Kapitel 5 dargestellt.

Üblicherweise werden die in (Gl. 2.17) dargestellten Orthogonalitätsbeziehungen zur Normierung der Eigenvektoren herangezogen. Neben der bei rechnerischen Analysen häufig verwendeten Massennormierung, bei der $\boldsymbol{M}_\mathrm{e} = \mathbf{E}$ gesetzt wird, bietet die Steifigkeitsnormierung $\boldsymbol{C}_\mathrm{e} = \mathbf{E}$ den Vorteil, daß die Eigenvektoren nachgiebigkeitsproportionale Größen enthalten und somit untereinander vergleichbar werden. Die Vorschrift zur Bildung der steifigkeitsnormierten Eigenvektoren ψ_e lautet dann

$$\psi_\mathrm{e} = \varphi_\mathrm{e} / \sqrt{\varphi_\mathrm{e}^T \cdot \boldsymbol{C} \cdot \varphi_\mathrm{e}}, \tag{2.19}$$

und es gilt

$$\begin{aligned} \Psi^\mathrm{T} \cdot \boldsymbol{M} \cdot \Psi &= \mathrm{diag}\left[\frac{1}{\omega_\mathrm{e}^2}\right] \\ \Psi^\mathrm{T} \cdot \boldsymbol{C} \cdot \Psi &= \mathbf{E}. \end{aligned} \tag{2.20}$$

Zur Beurteilung des dynamischen Verformungsverhaltens einer mechanischen Struktur interessiert in erster Linie die Antwort des Systems auf eine äußere Anregung. Wird das in (Gl. 2.10) beschriebene System durch eine harmonische Wechselkraft erregt, so ist die dynamische Nachgiebigkeit gegeben durch

$$\boldsymbol{N}(\omega) = \frac{\boldsymbol{v}(\omega)}{\boldsymbol{f}(\omega)} = \left(\boldsymbol{C} - \omega^2 \boldsymbol{M}\right)^{-1}. \tag{2.21}$$

Sie läßt sich aus den steifigkeitsnormierten Eigenvektoren in folgender Weise berechnen: Durch Erweiterung der beiden Seiten der Gleichung mit der steifigkeitsnormierten Modalmatrix

$$\Psi^T \cdot \boldsymbol{N}(\omega) \cdot \Psi = \Psi^T \cdot \left(\boldsymbol{C} - \omega^2 \boldsymbol{M}\right)^{-1} \cdot \Psi \tag{2.22}$$

ergibt sich unter Berücksichtigung der Orthogonalitätsbeziehungen (Gl. 2.17) und der Normierung (Gl. 2.20)

$$\boldsymbol{N}(\omega) = \Psi \cdot \left(\mathbf{E} - \omega^2 \boldsymbol{M}_e\right)^{-1} \cdot \Psi^T . \tag{2.23}$$

Aufgrund der Diagonalstruktur von ($\mathbf{E}$ - $\omega^2 \boldsymbol{M}_e$) stellen die einzelnen Elemente dieser Matrix der dynamischen Nachgiebigkeit die Übertragungsfrequenzgänge zwischen den Stellen des Systems dar und berechnen sich gemäß

$$N_{ij}(\omega) = \sum_{e=1}^{n} \frac{\psi_{ei} \cdot \psi_{ej}}{1 - \left(\omega / \omega_e\right)^2} . \tag{2.24}$$

Dieser Wert $N_{ij}(\omega)$ entspricht der Verschiebung in Richtung eines betrachteten Freiheitsgrads am Knotenpunkt i der Struktur bei Anregung am Knotenpunkt j bzw. umgekehrt aufgrund der Reziprozitätsbeziehung. Die Elemente ψ_{ek} des e-ten steifigkeitsnormierten Eigenvektors werden als *Kenn-Nachgiebigkeits-Wurzeln* bezeichnet. (Gl. 2.24) verdeutlicht, warum es sinnvoll ist, die steifigkeitsnormierten Eigenvektoren zur Darstellung der Systemnachgiebigkeit zu verwenden: Die Kenn-Nachgiebigkeits-Wurzeln an einer Stelle der Struktur sind direkt proportional zur dynamischen Nachgiebigkeit an dieser Stelle.

2.2.2.3 Zusammenfassung

Die dargestellte Methode der modalen Berechnung weist hinsichtlich ihrer Verwendung zur Bewertung von Konstruktionsentwürfen folgende Eigenschaften auf:

+ Aufgrund der Entkopplung können die voneinander unabhängigen Eigenschwingungsformen getrennt voneinander betrachtet und analysiert werden.
+ Die Beschreibung eines Systems durch modale Parameter liefert schon ohne Berücksichtigung konkreter Lastfälle Hinweise zur Beurteilung und zum Vergleich mit anderen Systemen.
+ Die Systemantwort ist bei beliebiger Anregung durch einen geschlossenen Ausdruck zu berechnen, durch den die Anteile der einzelnen Eigenschwingungen klar identifiziert werden können.
- Durch die abstrakte Bedeutung der modalen Koordinaten, Steifigkeiten und Massen ist es i. allg. jedoch unmöglich, eine direkte Beziehung zwischen den physikalischen Parametern und den Eigenschwingungsformen herzustellen. Dazu sind erweiterte Analyseverfahren, z. B. die Sensitivitätsanalyse, notwendig.

3 Modellbildung von Getriebestrukturen

3.1 Getriebestrukturen in Werkzeugmaschinen

Für die Bestimmung des dynamischen Verhaltens von Werkzeugmaschinen sind Haupt- und Vorschubantriebe von besonderem Interesse. Das Hauptaugenmerk lag dabei in der Vergangenheit auf Übersetzungsgetrieben der Hauptantriebe, da diese typischerweise dynamische Schwachzonen darstellen. Obwohl die Entwicklung stufenlos drehzahlregelbarer Antriebe schaltbare Hauptantriebsgetriebe zum großen Teil überflüssig gemacht hat, gibt es nach wie vor eine Vielzahl von Übersetzungsstufen in Werkzeugmaschinen, deren dynamische Optimierung erforderlich ist.

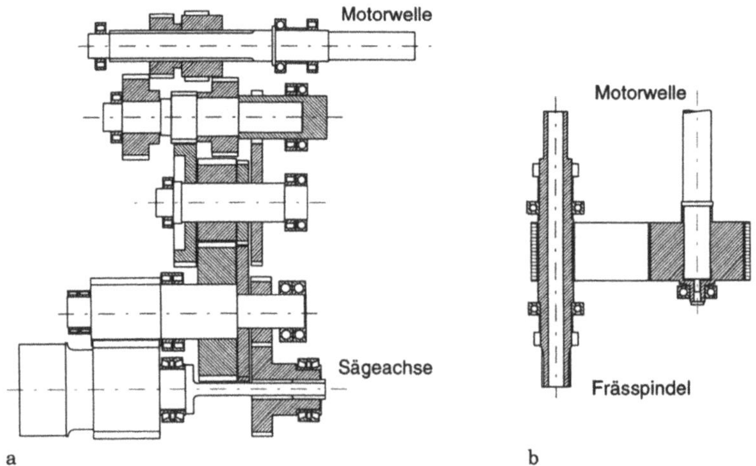

Bild 3.1. Getriebestrukturen von Werkzeugmaschinen: a) Hauptantriebsgetriebe einer Kreissäge , b) Riemenstufe im Hauptantrieb einer Fräsmaschine

In Kreissägen beispielsweise werden zur Anpassung der üblichen Motordrehzahl von ca. 1500 - 2000 min^{-1} an die aufgrund des Blattdurchmessers wesentlich niedrigere Werkzeugdrehzahl schwere Getriebe mit hoher Gesamtübersetzung verwendet. Bild 3.1 a zeigt das Hauptantriebsgetriebe einer Kaltkreissäge, Sägeblattdurchmesser 630 mm, mit einem Übersetzungsverhältnis von ca. 7 : 1 bzw. 9 : 1.

Getriebe dieser Größenordnung bilden häufig dynamische Schwachstellen und bestimmen maßgeblich die Stabilität des Bearbeitungsprozesses [MAULHARDT 1991]. Der im Bild dargestellte zusätzliche Vorspannzweig besitzt keine versteifende Wirkung sondern verhindert im Betrieb lediglich ein Abheben der Zähne.

Die Hauptantriebsstränge moderner Fräs- oder Drehmaschinen weisen im allgemeinen keine Zahnradgetriebe mehr auf, einzelne Riemenstufen zwischen dem Antrieb und der Hauptspindel sind hingegen üblich (Bild 3.1 b). Die Biege- und Torsionseigenschaften dieser Getriebestrukturen haben ebenfalls großen Einfluß auf das Maschinenverhalten und bedürfen sorgfältiger Auslegung.

Vorschubantriebssysteme, bestehend aus Antriebsmotor, Riemenstufe, Kugelgewindetrieb und Schlitten, stellen ebenfalls schwingungsfähige mechanische Strukturen dar, deren dynamisches Verhalten die Leistungsfähigkeit einer Werkzeugmaschine, insbesondere ihre Positionier- und Bahngenauigkeit maßgeblich bestimmt. Bei modernen Vorschubantriebs- und Regelungskonzepten gewinnt die Berücksichtigung der mechanischen Eigenschaften des Antriebs bei der Reglerauslegung zusätzlich an Bedeutung. Die Modellbildung der mechanischen Komponenten ist hier mitentscheidend für die Genauigkeit der Antriebsregelung [EUBERT 1992].

3.2 Methoden der Modellbildung

3.2.1 Konzeptionsprozeß und FE-Modellbildung

In der Konstruktionstechnik werden Modelle verwendet, um bestimmte Eigenschaften eines realen Systems zu repräsentieren und so einen bestimmten Zweck zu erreichen, z. B. um ausgewählte, noch unbekannte Objekteigenschaften durch eine Berechnung oder Simulation zu bestimmen [MÜLLER u.a. 1992]. Mit Hilfe von Simulationsverfahren wird allgemein ein *reales System* untersucht, indem ein zweites System aufgebaut wird (sog. *reales Modell* oder Simulationsmodell, das nicht notwendig ein Rechenmodell sein muß), das hinsichtlich der untersuchten Größen dasselbe *abstrakte* Modell besitzt wie das reale System. Das Experimentieren mit dem realen Modell zur Erklärung oder Vorhersage ist wesentlicher Bestandteil der Simulation [SCHMIDT 1985]. Wirtschaftliche Vorteile wird man aus dem Einsatz von Simulationsverfahren dann ziehen können, wenn der Aufwand zur Erstellung der Simulationsmodelle mit geringem Aufwand möglich ist, die Genauigkeit der Ergebnisse folgerichtige Schlüsse für das reale System zuläßt und wenn die Simulation zum Vergleich verschiedener Varianten eines Entwurfs ohne umfangreiche zusätzliche Arbeiten möglich ist. Der Einsatz von Rechenmodellen verspricht im Bereich der Konstruktionstechnik unter diesen Gesichtspunkten besonders deutliche Vorteile.

Bei der Betrachtung des Konstruktionsprozesses im Hinblick auf die Einbeziehung von Simulationsrechnungen sind zwei Schwerpunkte zu setzen:

- Die Durchführung der Simulationsrechnungen zur Bewertung von Entwürfen muß im Ablauf des Konstruktionsprozesses so eingebunden sein, daß die Ergebnisse der Berechnungen optimal verwendet werden können.
- Der Aufwand zur Erstellung bzw. Einbindung der erforderlichen (Teil-)Modelle in die Geometrie-Modellbildung des Entwurfs sollte möglichst gering sein, damit die Simulation parallel zum konstruktiven Detaillierungsablauf erfolgen kann.

Beide Themengebiete sollen im folgenden erläutert werden, um die später gezeigte Lösung zu begründen.

3.2.1.1 Ablauf der Getriebekonstruktion

Der Ablauf bei der Konstruktion von Getrieben orientiert sich an der in der VDI-RICHTLINIE 2222 vereinheitlichten, konstruktionsmethodischen Vorgehensweise mit den Phasen: Planen - Konzipieren - Entwerfen - Ausarbeiten. Nach NIEMANN u. WINTER (1983) läßt sich das klassische Vorgehen beim Getriebeentwurf in folgende Schritte einteilen:

1. Aufstellen eines Pflichtenhefts mit Hauptfunktionen (Leistung, Drehzahlen, Übersetzung, Betriebsmoment),
2. Wahl der Getriebeart, Anschlüsse an Antrieb/Abtrieb, Aufteilung der Gesamtübersetzung,
3. Festlegung der Hauptabmessungen nach Überschlagsrechnungen und Erfahrungswerten,
4. Festlegung der Verzahnungsdaten und -genauigkeiten,
5. Entwurf des Getriebes und wichtiger Anbauelemente,
6. Nachrechnung auf Tragfähigkeit, Verformung (statisch und dynamisch), Lebensdauer und ggf. Optimierung des Entwurfs.

Dieses Vorgehen kann heute zum größten Teil rechnergestützt durchgeführt werden, z. B. mit Hilfe spezieller Berechnungsprogramme für die Zahnflankengeometrie bzw. -korrektur, die Tragfähigkeit und Festigkeit oder zur Lagerauslegung [WECK 1992a]. Über traditionelle Berechnungsprogramme hinaus wird der Anwender durch wissensbasierte Systeme und zunehmend auch durch CAD-integrierte Software unterstützt.

Die Einordnung der Simulationsrechnungen in den allgemeinen Konstruktionsablauf nach LASCHET (1988) ist in Bild 3.2 angegeben. Nach der Erstellung eines Pflichtenhefts erfolgt zunächst die Konzeption unter Verwendung verschiedener CAD-gestützter Hilfsmittel, Konstruktionskataloge und Erfahrungswissen. Im Rahmen des Entwurfs werden zuerst Grob-Simulationsrechnungen durchgeführt, die dann zusammen mit experimentellen Voruntersuchungen in die Modellabstimmung zur exakten Simulation einfließen. Die Berechnung verschiedener Varianten, insbesondere die Berücksichtigung von Effekten (Erregerelemente, Übertragungselemente) bildet einen wesentlichen Schwerpunkt der Rechnungen, allerdings warnt LASCHET vor der gleichzeitigen Abbildung zu vieler Effekte, da dies die Übersichtlichkeit, und u. U. auch die Ergebnisqualität beeinträchtigt.

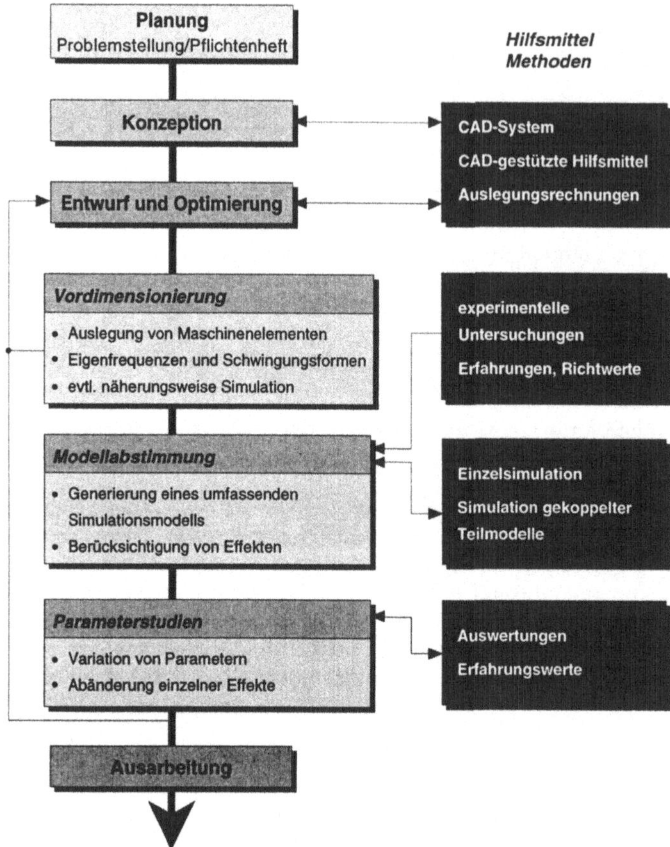

Bild 3.2. Einordnung der Simulationsverfahren in den Konzeptionsprozeß, nach [LASCHET 1988]

Der große Aufwand für die Modellerstellung und -abstimmung mit Hilfe experimentell gewonnener Daten und der dadurch verursachte späte Zeitpunkt der Simulationsrechnungen schränkt ihren Nutzen z. T. erheblich ein. In der Praxis wird daher häufig versucht, im Vertrauen auf die Erfahrung zunächst ohne Berücksichtigung der Maschinendynamik einen annehmbaren Entwurf zu erstellen, den Prototyp zu testen und erst beim Verfehlen der gestellten Anforderungen Maßnahmen zur Optimierung zu berechnen. Von vorne herein angewendet wird die Simulation meist nur bei sehr hochwertigen und nur einmalig ausgeführten Anlagen oder beim Aufbau konstruktiver Varianten eingeführter Maschinen, deren experimentell ermitteltes Verhalten als Grundlage der Modelle zur Variationsrechnung verwendet werden kann. Der Einsatzbereich der Dynamikberechnung kann daher durch eine frühere Durchführung wesentlich erweitert werden. Die zur Berechnung erforderlichen Modelle und ihre Erstellung spielen dabei eine entscheidende Rolle für die praktische Umsetzung.

3.2.1.2 Datenmodelle für Konstruktion und Berechnung

Beim Entwurf von Werkzeugmaschinen bzw. -getrieben erfordern unterschiedliche Aufgabenstellungen, z. B. die Auslegungsrechnung von Verzahnungen, Welle-Nabe-Verbindungen, Lagern sowie Festigkeits- oder Lebensdauerberechnungen unterschiedliche Rechenmodelle. Im Laufe des Entwicklungsprozesses werden somit neben dem detaillierten CAD-Geometrie-Modell eines Getriebes verschiedene Teilmodelle erzeugt, die zum großen Teil weder untereinander noch mit dem CAD-Modell verbunden sind. Während in den vergangenen Jahren der Rechnerintegration von Konstruktion und Arbeitsplanung große Beachtung geschenkt wurde, [KOEPFER 1991], [MILBERG; KOEPFER 1990], ist die Verwendung einheitlicher Datenmodelle in den Bereichen Konstruktion und Berechnung bisher wenig verbreitet.

Die Modellierung von Strukturen durch finite Elemente zur Durchführung von statischen oder dynamischen Berechnungen stellt gegenüber einfachen Auslegungsrechnungen ein sehr aufwendiges Verfahren dar, das eine vollständige Beschreibung der Bauteilgeometrie und weiterer Eigenschaften erforderlich macht. Typischerweise wird erst nach Vorliegen eines relativ weit fortgeschrittenen Geometrie-Entwurfs eine FE-Modellbildung erfolgen. Das CAD-Modell enthält dann bereits sehr detaillierte Angaben über konstruktive Einzelheiten, z. B. über Fasen, Verrundungen, Bohrungen usw., die in dem entsprechenden Berechnungsmodell nicht berücksichtigt werden und daher wieder abstrahiert werden müssen. Dies geschieht häufig durch die Neueingabe eines FE-Modells. Der damit verbundene Aufwand führt in der Praxis meistens dazu, daß die Berechnungsergebnisse zu spät vorliegen und nicht mehr in den Konstruktionsprozeß einfließen können.

Zumeist liegen aber schon in der Konzeptphase genügend Informationen vor, um auf der Grundlage eines groben Konzept-Modells ein FE-Modell zu erstellen und eine erste Beurteilung vorzunehmen. Die dann vorliegenden Daten sind i. allg. bereits ausreichend für eine Bewertung des Entwurfs mit einer Genauigkeit, die die Auswahl zwischen verschiedenen konstruktiven Varianten oder die Beurteilung von Tendenzen bei Parameteränderungen erlaubt. Um dies auszunutzen, bedarf es einer engen Verknüpfung zwischen CAD- und FE-Modellierung.

Weitreichende Möglichkeiten zur Integration bietet das seit Ende der 70er Jahre diskutierte integrierte Produktmodell unter Verwendung der STEP-Spezifikation [GRABOWSKI u. a. 1993]. Verschiedene Partialmodelle, die auf einem einheitlichen, übergreifenden Datenmodell basieren, repräsentieren die Gesamtheit aller Produktinformationen und erlauben die vollständige, konsistente und redundanzfreie Modellierung eines Produkts (Bild 3.3).

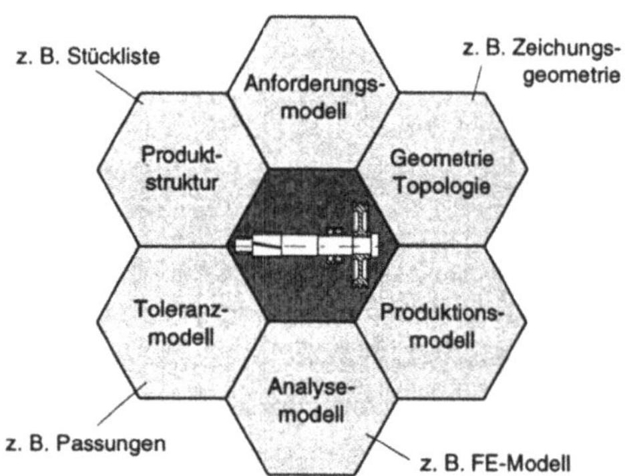

Bild 3.3. Partialmodelle des STEP-Produktmodells, nach [AWK 1993]

Unterschiedlichste Anwendungen (z. B. CAD, Zeichnungsverwaltung, FEM, Kosteninformation, NC-Programmierung u. ä.) sollen auf dieses zentrale Datenmodell zugreifen und insgesamt den Konstruktionsarbeitsplatz der Zukunft bilden [AWK 1993]. Ziel der Produktmodellierung unter Verwendung der STEP-Produktdatenschnittstelle ist darüber hinaus die Abbildung der Produkteigenschaften über den gesamten Lebenszyklus im Datenmodell. Für den Konstruktionsprozeß ist dabei neben der Integration der Teilmodelle besonders die rechnerische Erfassung der Produktdefinition in den frühen Entwicklungsphasen Planung und Konzeption interessant, um auch diese noch groben und unsicheren Informationen der rechnerischen Untersuchung und Beurteilung zugänglich zu machen.

Ein konkreter Lösungsansatz zur Vereinheitlichung der Produktinformationen zu einem einheitlichen Datenmodell ist die Verwendung parametrisierter Modellbausteine in einem Entwurfssystem [KAISER 1993], [MILBERG; KAISER 1993]. Eine komplexe Struktur wird aus einer Menge vordefinierter Bausteine zusammengesetzt, von denen jeder durch eine bestimmte Anzahl von Parametern festgelegt wird. Das Entwurfssystem beinhaltet sowohl frei wählbare Parameter als auch Regeln für die Abhängigkeit der Parameter untereinander, und zwar sowohl auf der Ebene der einzelnen Bausteine als auch der gesamten Struktur, so daß der Gesamtentwurf nach der Auswahl der entsprechenden freien konstruktiven Parameter im möglichen Lösungsraum stets vollständig bestimmt ist.

Die Art der Parameter eines Bausteins bestimmt die berücksichtigten Aspekte des Gesamtmodells, die durch das Entwurfssystem erfaßt werden. Mögliche Bausteine zur Darstellung von Getrieben, z. B. Wellen, Welle-Nabe-Verbindungen, Lager oder Zahnradstufen, können daher so definiert werden, daß sie auch die wesentlichen Informationen zur FE-Modellbildung enthalten.

Als Möglichkeit zur Realisierung bieten sich relationale, parametrische 3D-CAD-Systeme an, die neben der Eingabe geometrischer Parameter zur konstruktiven Festlegung auch die Möglichkeit bieten, zusätzliche selbstdefinierte Parameter zu erfassen.

Gegenstand der vorliegenden Arbeit ist die Erstellung eines Analyse-Teilmodells, auf dessen Grundlage die FE-Berechnung des dynamischen Verhaltens von Getrieben durchgeführt wird. Daher soll zunächst gezeigt werden, welche Anforderungen an ein derartiges Analysemodell zu stellen sind und welche Möglichkeiten existieren, um die dynamischen Eigenschaften der Struktur zu repräsentieren.

3.2.2 Allgemeiner Aufbau eines FE-Analyse-Modells

3.2.2.1 Anforderungen

Jedes Simulationsmodell muß in seinem Aufbau den betrachteten Struktureigenschaften angepaßt sein. Die Ergebnisse einer FE-Berechnung werden je nach der Qualität und Eignung des verwendeten Modells bzw. der verwendeten Elemente vom realen Verhalten des Objekts abweichen. Die Übereinstimmung wird in der Regel um so besser sein, je aufwendiger Modellbildung und Berechnung durchgeführt werden, bis die Berechnungsgenauigkeit bei Verwendung zu vieler Elemente aufgrund numerischer Probleme wieder abnimmt. In der Praxis muß die Modellbildung jedoch auch unter wirtschaftlichen Aspekten betrachtet werden, da durch die Modellgröße sowohl der personelle Aufwand als auch die erforderliche Rechenleistung festgelegt werden. Da die Theorie verschiedene Verfahren zur Modellierung anbietet, ist in der Praxis die exakte Zieldefinition durch den Anwender notwendig, um das einfachste Modell zum Erreichen der erforderlichen Aussagegenauigkeit bestimmen zu können.

Für ein Programmsystem zur Berechnung des dynamischen Verhaltens von Werkzeugmaschinengetrieben, das den Erfordernissen der Konstruktionspraxis gerecht werden soll, können die in Bild 3.4 gezeigten Eigenschaften abgeleitet werden.

Die Anforderungen werden wesentlich von der Art der Modellierung, bzw. von den verwendeten Elementen beeinflußt. Die Berücksichtigung der Elementeigenschaften im Hinblick auf die obengenannten Beurteilungsschwerpunkte ist damit eine Voraussetzung für die Erstellung eines anwendbaren Systems.

Die Art der Elemente bestimmt zum einen direkt die Modellierungsgenauigkeit durch die Anzahl der berücksichtigten Freiheitsgrade oder die Wahl der Ansatzfunktionen. Zum anderen wird durch die Art und die Anzahl der Modellierungsaufwand und die Rechenzeit festgelegt. Schließlich ist auch die Anschaulichkeit der Ergebnisdarstellung von der Modellierung, d. h. vom Abstraktionsgrad des Modells, abhängig.

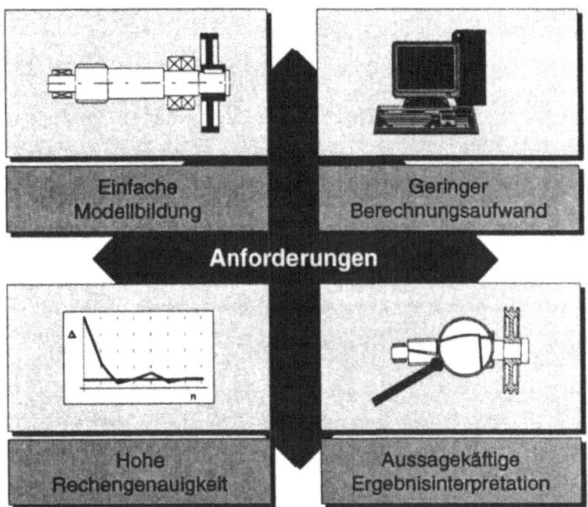

Bild 3.4. Anforderungen an ein Programmsystem zur Getriebeberechnung

Aus praktischer Sicht ist für den Konstrukteur die Beurteilung verschiedener Einflußfaktoren auf die dynamischen Verformungen von Interesse. Aufgrund der im Getriebebau verwendeten Maschinenelemente ergeben sich als wichtige Ergebnisse der Berechnung die Torsion und Biegung einzelner Wellen und die Nachgiebigkeiten der Welle-Nabe-Verbindungen, der Übersetzungsstufen sowie der Lagerstellen. Demzufolge sind sowohl die Eigenschaften konkreter mechanischer Strukturelemente als auch das Übertragungsverhalten unterschiedlicher Koppel- bzw. Fügestellen im Modell abzubilden.

3.2.2.2 Elementarten zur FE-Modellierung

Zur Modellbildung mechanischer Strukturen stehen bei Anwendung der Finite-Elemente-Methode unterschiedliche Elementtypen zur Verfügung (siehe z. B. [KLEIN 1990]). Tabelle 3.1 zeigt dazu eine Übersicht und beispielhafte Anwendungsbereiche. Die Merkmale der einzelnen Elemente und ihre Verwendbarkeit in Bezug auf manuelle oder automatisierte Modellerstellung sollen im folgenden beschrieben werden, um die Auswahl des verwendeten Modells zu begründen.

Volumenelemente, z. B. Tetraeder- oder Hexaederelemente, sind sehr universell einsetzbar und liefern geometrisch sehr anschauliche Modelle. Dies erlaubt eine optimale Überprüfung der Eingabedaten und hilft,

Fehler bei der Modellerzeugung zu vermeiden. Der Nachteil der aufwendigen Modellbildung wird heute durch weit entwickelte automatische Vernetzungsalgorithmen, z. B. innerhalb von 3D-CAD-Systemen, ausgeglichen. Die automatische Vernetzung ist derzeit nur mit Tetraederelementen möglich, die hinsichtlich der Modellgenauigkeit gegenüber Hexaederelementen deutlich zurückfallen und deshalb nach BAUER (1991) oder HECKMANN (1992) zur Modellierung komplexerer Strukturen im Werkzeugmaschinenbau ausscheiden. Dieser Nachteil läßt sich zwar durch eine - auch bei automatischer Netzgenerierung steuerbare - feinere Netzdichte ausgleichen, was allerdings eine deutliche Erhöhung der Rechenzeiten bewirkt. Die bei Vernetzung mit Volumenelementen erzeugten Gesamtmodelle sind außerordentlich groß, sie liegen für Getriebestrukturen bei einigen 100 Elementen pro Getriebewelle. Eine Modellierung von Übersetzungsstufen oder Lagerelementen, z. B. Wälzlagerungen ist nicht direkt möglich, so daß spezielle Übertragungselemente in Form von Federn eingefügt werden müssen.

	Volumenelemente	**Schalenelemente**	**Balkenelemente**
Beispiel-darstellung			
Anwendung	Beliebige dickwandige oder massive Bauteile	Dünnwandige Bauteile z. B. Gehäusestrukturen	Stab- oder Balkenförmige Bauteile z. B. Tragwerke, Wellen
Vorteile	Modellierung beliebiger, komplexer Geometrien hohe Anschaulichkeit der FE-Modelle automatische Vernetzung	Modellierung verschiedenartiger Geometrien hohe Anschaulichkeit der FE-Modelle automatische Vernetzung	Einfache Elemente geringe Anzahl von Knotenpunkten und Elementen geringer Rechenaufwand
Nachteile	hohe Anzahl von Knotenpunkten und Elementen Rechen- und Speicheraufwand	hohe Anzahl von Knotenpunkten und Elementen Rechen- und Speicheraufwand	geringe Anschaulichkeit der FE-Modelle Einschränkungen bei der Art der modellierbaren Strukturen manuelle Vernetzung

Tabelle 3.1. Gebräuchliche Elementtypen in der FEM am Beispiel einer Hohlwelle

Schalenelemente, z. B. Rechteck- oder Dreieckelemente als Verbindung von Platten- und Membranelementen finden bevorzugt Anwendung bei der Modellierung von Gehäusekomponenten. Da dies in Kapitel 7 kurz behandelt wird, seien Schalenelemente erwähnt, obwohl sie zur direkten Modellierung von Wellen ungeeignet sind. Aus Schalenelementen aufgebaute Modelle sind bei gleich guter Anschaulichkeit weniger komplex als Volumenmodelle und erfordern deutlich weniger Berechnungsaufwand. Eine automatische Vernetzung ist bei neueren CAD-Systemen mit Dreieckelementen möglich und liefert sehr gute Ergebnisse [ALBERTZ 1993].

Speziell zur Modellierung von Wellen und Getriebeelementen eignen sich einfache finite Elemente, z. B. Massen-, Feder- und 3D-Balkenelemente, die zu außerordentlich kleinen Modellen führen und damit geringen Rechenaufwand erfordern (Tabelle 3.2.). Die aus derartigen Elementen aufgebauten Modelle haben einen hohen Abstraktionsgrad und können im allgemeinen nicht automatisch aus CAD-Daten erzeugt werden.

	Massenelement	**Federelement**	**Balkenelement**
Eigenschaft	Masse	Steifigkeit	Masse Steifigkeit
Anwendung	Elemente, die ausschließlich in ihrer Massenwirkung erfaßt werden und keine Eigenverformung besitzen	Nachgiebige Elemente, deren Massenwirkung zu vernachlässigen ist	Elemente, die sowohl in ihrer Eigenverformung als auch in ihrer Massenwirkung auf benachbarte Elemente erfaßt werden
Beispiele	Zahnräder, Hülsen, Schrauben usw.	Welle-Nabe-Verbindungen, Zahnradstufen	Wellen, Hohlwellen, Zahnritzel

Tabelle 3.2. Einfache Grundelemente zur Getriebemodellierung

Da der Aufbau der verwendeten Elemente sehr einfach ist, kommt der Bestimmung der Parameter zur Definition der Elementeigenschaften erhebliche Bedeutung zu. Dies gilt weniger für die theoretische Ableitung von Massen- und Steifigkeitsmatrizen als vielmehr für die Bestimmung der Abhängigkeiten der physikalischen von den konstruktiven Parametern. Eine Paßfederverbindung läßt sich durch die Angabe der Torsions-,

Kipp- und Axialsteifigkeit charakterisieren, die Herleitung dieser Steifigkeiten aus den Abmessungen von Paßfeder, Welle und Nabe ist aber mit experimentellem Aufwand verbunden. Bei Verwendung einfacher Elemente zur FE-Modellierung ist folglich sehr viel "Wissen" über die Erstellung der einzelnen Elemente erforderlich. Dies ist eine der Hauptanforderungen an ein Schnittstellenprogramm zwischen Geometrie- und FE-Modell.

3.2.2.3 Automatische und manuelle Modellbildung

Wie bereits erwähnt sind die verschiedenen Arten finiter Elemente unterschiedlich für die heute von Standard-Systemen angebotene automatische Netzgenerierung für mechanische Strukturen geeignet. Einige Eigenschaften der Wellenbauteile können auf diese Weise in einem dynamischen Modell abgebildet werden, andere wesentliche Aspekte, z. B. die dynamischen Nachgiebigkeiten in Welle-Nabe-Verbindungen oder Übersetzungsstufen, sind aber auf diese Art nicht zu erfassen. Zur Modellierung dieser Strukturelemente sind daher geeignete zusätzliche Verfahren anzuwenden.

Hinsichtlich der FE-Modellbildung zur Dynamikberechnung von Getrieben ist die Anwendung von automatischen Netzgeneratoren zur Erzeugung von Volumenelementen aus mehreren Gründen wenig sinnvoll: Die Modelle werden zum einen sehr groß und berechnungsaufwendig, zum anderen ist die Einbeziehung von speziellen Elementen, die z. B. alle Kopplungen in einer Zahnradstufe herstellen, bei Volumenmodellen außerordentlich schwierig. Durch die hohe Zahl von Knotenpunkten wird auch die Darstellung und Auswertung erheblich aufwendiger.

Demgegenüber stellt die Modellbildung mit Hilfe von Balkenelementen nach wie vor eine vernünftige Lösung dar, auch der Aufwand für die manuelle Modellgenerierung hoch ist. Die Art und Weise dieser Modellbildung ist jedoch noch verbesserungsfähig. Bislang verwendete Programme benötigen häufig umständliche textuelle Eingaben für die Erstellung spezieller Eingabefiles. Zur Kontrolle während der Eingabe ist jedoch eine grafische Darstellung der erzeugten Struktur unerläßlich. Ein Systemkonzept für die in den Entwurfsprozeß integrierte FE-Modellierung und -Berechnung soll im folgenden vorgestellt werden.

3.3 Modellkonzept des Programmsystems *ASDY*

Das Programmsystem *ASDY* ermöglicht gegenüber der herkömmlichen Modellierungsmethode, d. h. durch vollständige Neueingabe der Daten (Bild 3.5 a), die Verbindung der erforderlichen Eingaben für Geometrie- und FE-Modellierung in einem Konzept-Modell (Bild 3.5 b)

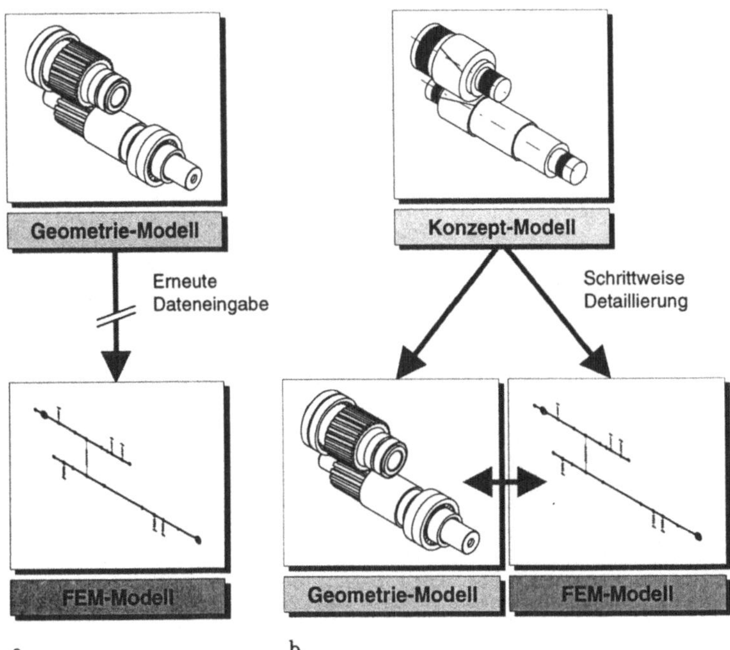

Bild 3.5. Partialmodelle eines Antriebsgetriebes und ihre Erzeugung a) durch erneute Dateneingabe, b) durch aufeinander aufbauende, verknüpfte Teilmodelle

Aufbauend auf dem skizzenhaften, aus vorgegebenen Funktionsbausteinen aufgebauten Konzept-Modell einer Getriebestruktur soll bereits sehr früh das zugehörige FE-Modell abgeleitet werden. Parallel dazu erfolgt das weitergehende Detaillieren im CAD-System. Bei entsprechender Verknüpfung von Konzept-Modell und vollständiger Geometriebeschreibung können auch im fortgeschrittenen Entwicklungsstadium noch Modifikationen des Konzepts vorgenommen werden, die sich sowohl in ein FE-Modell umsetzen wie auch auf den detaillierten Entwurf übertragen lassen.

Das hier vorgestellte Programmpaket *ASDY* zur Modellierung von Getriebestrukturen und deren statischer und dynamischer FE-Berechnung stellt eine Weiterentwicklung des reinen Berechnungsprogramms für Antriebsstrukturen *ASDY* [SUMMER 1986] zu einem Konzept-Entwicklungssystem für Werkzeugmaschinengetriebe dar. Es basiert unverändert auf der Umsetzung der Geometrie-Modelle in einfach aufgebaute finite Elemente wie Balken, Massen und Federn. Das bisher bestehende Programm wurde aber derart verändert, daß die Berechnungen nicht mehr nur im Batch-Modus, sondern interaktiv möglich sind. Dazu sind neben einer verbesserten Modellierungsmethodik auch erweiterte Möglichkeiten zur Darstellung und Ergebnisauswertung sowie Änderungen des Berechnungsablaufs zur Beschleunigung der Rechnungen erforderlich.

Die verschiedenen Module des Programms sind in Bild 3.6 dargestellt und werden in den angegebenen Abschnitten ausführlich erläutert.

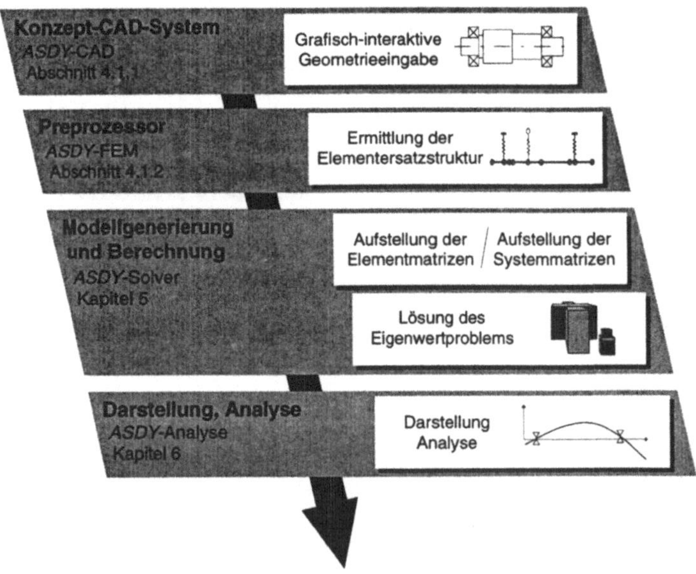

Bild 3.6. Programmablauf der Getriebeberechnung

Das Programmsystem *ASDY* wird aus vier Modulen gebildet: einem Konzept-CAD-System zur grafisch interaktiven Eingabe, einem Preprozessor zur Erzeugung der Finite-Elemente-Daten, einem Berechnungsteil und dem Postprozessor zur Darstellung und Analyse der Ergebnisse. Die Programm-Module werden in den folgenden Kapiteln vorgestellt; für verschiedene Programmteile bestehen unterschiedliche Lösungsmöglichkeiten unter Verwendung eigens entwickelter oder kommerzieller Standard-Software.

Schwerpunkt der Neuentwicklung ist die grafisch-interaktive Modellbildung. Sie wird so durchgeführt, daß die weiteren notwendigen Schritte zur FE-Berechnung automatisch ablaufen können und das FE-Teilmodell in das allgemeine CAD-Datenmodell zur Detaillierung der Geometrie entsprechend eingebunden ist. In dieser Arbeit sollen zwei Möglichkeiten zur Geometriefestlegung erläutert und in Beispielen gezeigt werden:

1. Zur vereinfachten Modellbildung bietet ein speziell entwickeltes Konzept-CAD-System dem Konstrukteur die Möglichkeit, aus einer Bibliothek von vorab definierten Elementen verschiedene Bausteine auszuwählen, aneinanderzureihen und so auf einfache Weise ein komplettes Getriebe im Konzept-Modell zu entwickeln. Die Elemente sind der Modellierung zur Dynamikberechnung in der Weise angepaßt, daß die Vernetzung und Berechnung ohne eine weitere Benutzersteuerung erfolgen kann. Zur weiteren Ausarbeitung können die Daten in ein kommerzielles CAD-System exportiert werden.
2. Die Definition von Getriebe-Bausteinen in einem feature-basierten 3D-CAD-System bietet dem Konstrukteur ebenfalls die Möglichkeit, ein auf die spätere FE-Berechnung ausgerichtetes Konzept-Modell zu erzeugen. Hierzu wird auf eine eingeschränkte Auswahl von Konstruktions-Features zurückgegriffen, die analog zu den unter Punkt 1. erwähnten Bausteinen aufgebaut sind. Auf diese Weise kann auch dieses Modell automatisch vernetzt und berechnet werden. Zur weiteren Detaillierung stehen dann alle Bearbeitungsmöglichkeiten des CAD-Systems zur Verfügung, wobei die Parameter des Konzept-Modells und des detaillierten Entwurfs stets miteinander verknüpft bleiben.

Die Vorgehensweise der Modellierung und die dafür zur Verfügung stehenden Elementtypen sowie der programmtechnische Aufbau des selbstentwickelten Konzept-CAD-Systems *ASDY*-CAD werden in Kapitel 4 erläutert.

Zur Berechnung des dynamischen Verhaltens der Getriebestrukturen werden in Kapitel 5 ebenfalls zwei Methoden aufgezeigt. Die Verwendung eines selbsterstellten Ein-Zweck-Programms liefert sehr schnell Ergebnisse mit ausreichender Genauigkeit. Die Lösung mit Hilfe eines Standard-FE-Programms bietet dagegen bei höherem Rechenaufwand den Vorteil der Integration in die Berechnung anderer Maschinenbauteile, z. B. des Gestells. Sie wird an dieser Stelle eingeführt, um die Verbindung der Getriebeberechnung mit der allgemeinen Dynamikberechnung von Werkzeugmaschinen vorzubereiten.

Ziel der FE-Berechnung ist die Bewertung von Konstruktionsentwürfen und gegebenenfalls die Ableitung von Maßnahmen zur Optimierung. Kapitel 6 gibt einen Überblick über die grundsätzlichen Möglichkeiten zur Ergebnisdarstellung und -auswertung im Hinblick auf die Schwachstellenanalyse der berechneten Strukturen.

Die Simulation des dynamischen Verhaltens der Antriebsbaugruppe bildet nur einen Teil der notwendigen Berechnungen bei der Konstruktion von Werkzeugmaschinen. Die Betrachtung der Gestellbaugruppen stellt einen weiteren wichtigen Bereich dar. Zur Berücksichtigung von Wechselwirkungen zwischen Getriebe und Gestell ist es erforderlich, die unterschiedlichen Teilmodelle zur Beschreibung der Getriebe und der Gestellkomponenten miteinander zu verbinden. In Kapitel 7 wird deshalb über die reine Getriebeberechnung hinaus ein Ansatz vorgestellt, die Teilmodelle zu verknüpfen und gemeinsam zu berechnen.

4 Modellbildung mit *ASDY*

Die Erstellung des Geometrie-Modells eines Getriebes und des zugehörigen FE-Modells sind im Programmpaket *ASDY* eng miteinander verknüpft und werden daher in diesem Kapitel gemeinsam erläutert. Das System *ASDY*-CAD stellt die Benutzerschnittstelle zur Geometriefestlegung dar, während die FE-Daten durch den Pre-Prozessor *ASDY*-FEM automatisch auf Basis der Geometriedaten erstellt werden. Zur besseren Unterscheidung werden im folgenden die Strukturelemente, die innerhalb von *ASDY*-CAD zum Aufbau der Getriebestrukturen verwendet werden, als *Geometrie-Bausteine* bezeichnet, wohingegen im Zusammenhang mit der Vernetzung in *ASDY*-FEM wie üblich von *finiten Elementen* gesprochen wird. Das der Berechnung zugrunde liegende Konzept der Elementdefinitionen wurde bereits von MÜLLER (1984) und SUMMER (1986) beschrieben, daher wird auf die ausführliche Erörterung der finiten Elemente hier verzichtet. Die Bausteine werden aber so weit aufgeführt, wie es zur Beschreibung der Modellbildung notwendig ist.

4.1 Konzeptmodellierung eines Getriebes

4.1.1 Grafisch-interaktive Geometrieeingabe mit *ASDY*-CAD

Zur Eingabe der Getriebegeometrie dient ein selbstentwickeltes, leicht zu bedienendes Konzept-CAD-System, das speziell auf den Getriebeaufbau zugeschnitten ist. Das System erlaubt zunächst die Eingabe einzelner Wellen und in einem weiteren Programmteil die Zusammenstellung dieser Wellen zu einem Getriebe. Die Eingabe kann ohne Einschränkung der Funktionalität zweidimensional erfolgen, da im Entwurfstadium eines Getriebes durch die Rotationssymmetrie der verwendeten Maschinenelemente keine dreidimensionale Darstellung erforderlich ist. Zur weiteren Detaillierung kann der Entwurf in ein Standard-CAD-System exportiert werden.

Im einzelnen geschieht die Konzeption eines Getriebes durch das Programmodul *ASDY*-CAD in zwei Stufen (Bild 4.1):

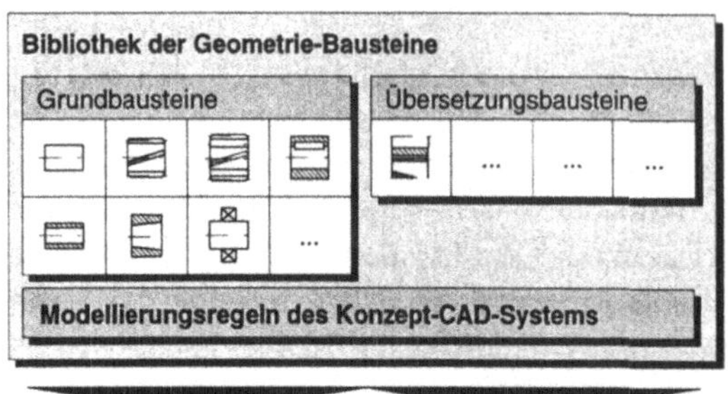

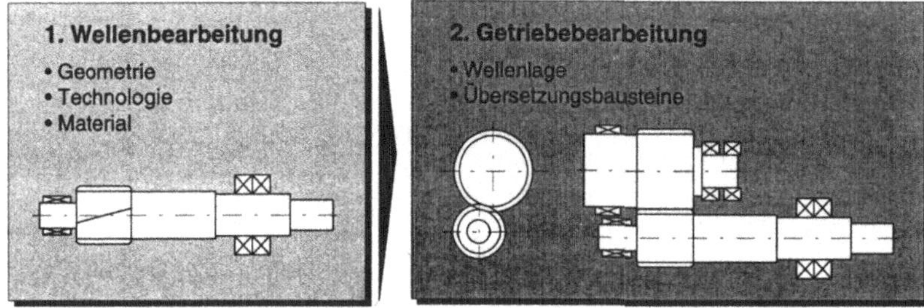

Bild 4.1. Wellen- und Getriebebearbeitung mit *ASDY*-CAD

1. *Aufbau der Einzelwellen in der Wellenbearbeitung*

   Eine einzelne Welle wird zunächst konfiguriert, indem verschiedene Geometrie-Bausteine nacheinander zusammengefügt werden. Die Eingabe geschieht nicht durch freies Skizzieren, sondern durch Auswahl aus der vorhandenen Bausteine-Bibliothek. Der Benutzer wird durch einen Eingabedialog aufgefordert, die dem jeweiligen Baustein zugehörigen Daten einzugeben. Nachdem die Grundstruktur aus Wellenstücken aufgebaut wurde, können Lager, Zahnräder und zusätzliche hülsen- oder scheibenförmige Massenbausteine angefügt werden. Dabei müssen sowohl reine Geometrieinformationen als auch Daten, die zur FE-Modellbildung erforderlich sind, angegeben werden. Die Bausteine können prinzipiell beliebig miteinander verknüpft werden, allerdings weist das Konzept-CAD-System theoretisch zwar mögliche, aber nicht plausible Eingaben, z. B. eine Paßfederverbindung an einem Zahnritzel, zurück. Das geschilderte Vorgehen ist für alle Wellen eines Entwurfs zu wiederholen.

2. *Zusammenstellung der Einzelwellen in der Getriebebearbeitung*

   Mehrere Wellen können zu einem Getriebe kombiniert und durch Übersetzungsbausteine, d. h. Zahnrad- oder Riemenradstufen, miteinander verbunden werden. An dieser Stelle können nur bereits vollständig modellierte Wellen mit Zahnradelementen verwendet werden. Daher werden hier keine realen Konstruktionsbausteine mehr angegeben, sondern lediglich die entsprechenden Übertragungseigenschaften für die FE-Modellbildung definiert. Dabei erfolgt auch die Anpassung der einzelnen wellenbezogenen Koordinatensysteme auf das globale Koordinatensystem einer zuvor ausgewählten Bezugswelle.

4.1.2 Bausteine-Bibliothek zur Getriebemodellierung

Die in *ASDY*-CAD verfügbaren Modellierungsbausteine orientieren sich zum einen an den im Getriebebau üblichen Maschinenelementen und zum anderen an den Erfordernissen der späteren FE-Modellbildung. Die vorhandenen Bausteine der *ASDY*-Bibliothek können wie folgt unterschieden werden:

1. Grundbausteine bilden die tragende Struktur einzelner Wellen. Dazu zählen:
   - Wellenstücke, Zahnräder (auf eine Welle aufgeschnitten),
   - zusätzliche Starrkörperbauteile und Einzelmassen, sowie
   - Welle-Nabe-Verbindungen.
2. Lagerbausteine bewirken die Kopplung zwischen Wellenelementen und der umgebenden Gehäusestruktur.
3. Übersetzungsbausteine koppeln unterschiedliche Wellen miteinander.

Tabelle 4.1 gibt einen Überblick über die im Programm *ASDY*-CAD definierten Arten von Geometrie-Bausteinen, ihre grafische Darstellung und die zur vollständigen Beschreibung erforderlichen Eingabeparameter. Im Vorgriff auf die in Abschnitt 4.2 beschriebene FE-Modellbildung sind die den Bausteinen hinterlegten Knotenpunkte der zugehörigen finiten Elemente ebenfalls dargestellt.

Baustein	Darstellung	Parameter	
Balkenelemente			
Vollwelle	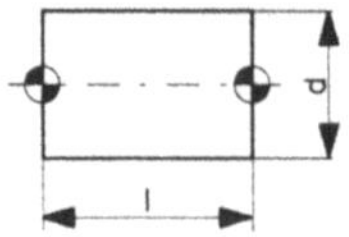	Länge Durchmesser	l d
Hohlwelle	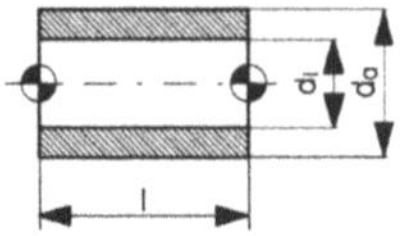	Länge Innendurchmesser Außendurchmesser	l d_i d_a
Zahnritzel (auf Welle aufgeschnittenes Zahnrad)	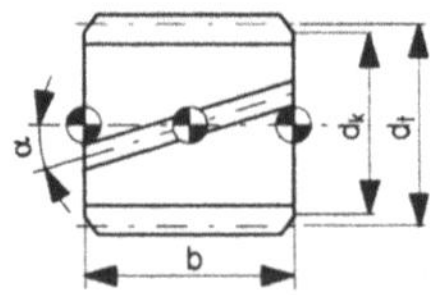	Breite Kerndurchmesser Teilkreisdurchmesser Schrägungswinkel	b d_k d_t α
Starrkörper- und Massenelemente			
Ringmasse	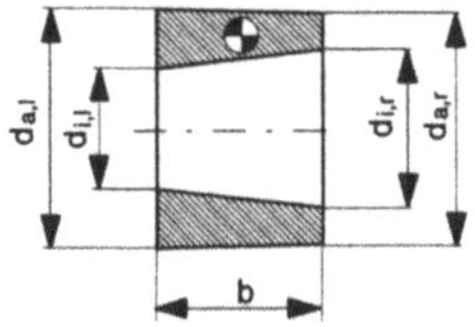	Breite Innendurchmesser, rechts Außendurchmesser, rechts Innendurchmesser, links Außendurchmesser, links	b $d_{i,r}$ $d_{a,r}$ $d_{i,l}$ $d_{a,l}$
Zahnrad	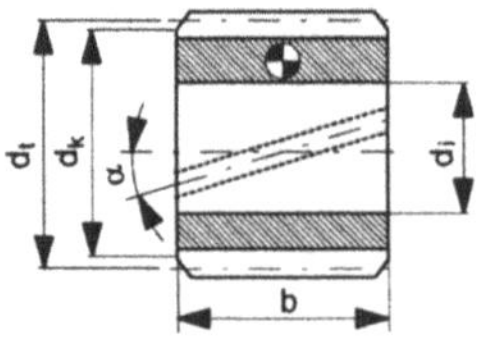	Breite Kerndurchmesser Teilkreisdurchmesser Innendurchmesser Schrägungswinkel	b d_k d_t d_i α
Exzentrische Punktmasse	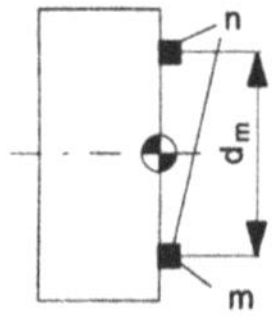	Masse Anzahl Teilkreisdurchmesser	m n d_m
Masse		Massen-Trägheitsmomente Masse	$J_{x,y,z}$ m

Tabelle 4.1. Bibliothek der Geometrie-Bausteine, nach [Summer 1986]

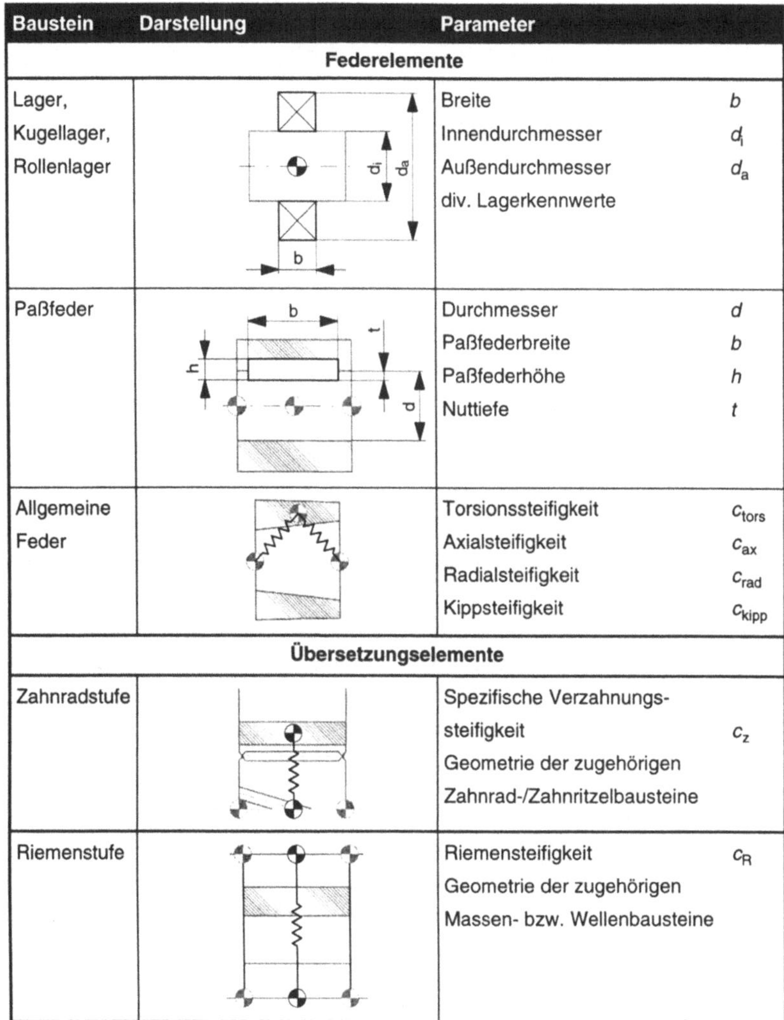

Baustein	Darstellung	Parameter	
Federelemente			
Lager, Kugellager, Rollenlager		Breite	b
		Innendurchmesser	d_i
		Außendurchmesser	d_a
		div. Lagerkennwerte	
Paßfeder		Durchmesser	d
		Paßfederbreite	b
		Paßfederhöhe	h
		Nuttiefe	t
Allgemeine Feder		Torsionssteifigkeit	c_{tors}
		Axialsteifigkeit	c_{ax}
		Radialsteifigkeit	c_{rad}
		Kippsteifigkeit	c_{kipp}
Übersetzungselemente			
Zahnradstufe		Spezifische Verzahnungssteifigkeit	c_z
		Geometrie der zugehörigen Zahnrad-/Zahnritzelbausteine	
Riemenstufe		Riemensteifigkeit	c_R
		Geometrie der zugehörigen Massen- bzw. Wellenbausteine	

Tabelle 4.1. Bibliothek der Geometrie-Bausteine, nach [Summer 1986] (Fortsetzung)

Zusätzlich zu den Geometrie-Bausteinen, die sich am realen Wellenaufbau orientieren, sind hier noch spezielle Bausteine dargestellt, die auf die reine FE-Modellierung bestimmter Effekte ausgerichtet sind: Einzelmassen- oder Federelemente. Diese Bausteine können in Ausnahmefällen verwendet werden, wenn für bestimmte Konstruktionselemente noch keine entsprechenden Bausteine zur Verfügung stehen. Aufgrund der später gezeigten einfachen Erweiterbarkeit des Systems ist aber eine Ergänzung der Bausteine-Bibliothek jederzeit mit geringem Aufwand möglich.

4.1.3 Konzeptmodellierung mit Standard-CAD-System

Alternativ zu dem im vorherigen Abschnitt aufgezeigten Vorgehen kann es bei der CAD-integrierten Entwicklung komplexerer Strukturen, beispielsweise vollständiger Werkzeugmaschinen, u. U. sinnvoll sein, die Modellbildung der Getriebe in das CAD-System zu integrieren. Wie oben gezeigt wurde, stellt die Verwendung der in CAD-Systemen üblichen Netzgeneratoren jedoch keinen hinreichenden Vorteil gegenüber der erneuten Eingabe, z. B. mit *ASDY*-CAD oder einem üblichen FE-Pre-Prozessor, dar. Im folgenden soll deshalb prinzipiell skizziert werden, wie ein dem selbstentwickelten System sehr ähnliches Modellierungskonzept in ein parametrisches, feature-basiertes 3D-CAD-System integriert werden kann. Dem Anwender stehen auch dann verschiedene zuvor definierte Konstruktionsbausteine zur Verfügung, denen die entsprechenden Funktionen zur Unterteilung eines Geometrie-Bausteins (Form-Feature) in finite Elemente zur Berechnung hinterlegt sind.

Bei der Konstruktion mit Features werden vordefinierte, parametrisierte Bausteine aus einer Bibliothek entnommen und zum gewünschten Teil zusammengesetzt. Als Features werden dabei üblicherweise die Konstruktionselemente bezeichnet, die neben ihren geometrischen auch nicht-geometrische Eigenschaften aufweisen [EHRLENSPIEL u.a. 1994]. Neben der reinen CAD-Datenstruktur wird dabei zusätzlich eine Featurestruktur aufgebaut, die Informationen über die Geometriebestandteile der Features, ihre Abhängigkeiten und Beziehungen untereinander enthält [MILBERG 1992b].

Dieses Vorgehen bietet u. a. den Vorteil, daß sich über die reinen Geometrieinformationen hinaus zusätzliche technologische Informationen oder Randbedingungen in die parametrisierte Beschreibung der Features einbinden lassen. Diese Möglichkeit wird beispielsweise von KAISER (1993) genutzt, um durch Verknüpfung der Parameter unterschiedlicher

Bausteine eine automatische Anpassung bzw. Abstimmung der verwendeten Features im CAD-System durchzuführen.

In einem Konzept-System zum Getriebeentwurf unter Berücksichtigung des dynamischen Verhaltens werden sinnvollerweise vom Anwender selbstdefinierte Features verwendet, die den in Tabelle 4.1 dargestellten *ASDY*-Bausteinen entsprechen. Die zusätzlich festgelegten Parameter sind textuell im CAD-System einzugeben und werden im CAD-Datenmodell gespeichert. Die so erzeugten Geometriemodelle können ebenso wie die mit dem selbstentwickelten System *ASDY*-CAD von Pre-Prozessor in ein FE-Modell überführt werden, da prinzipiell dieselben Informationen verfügbar sind.

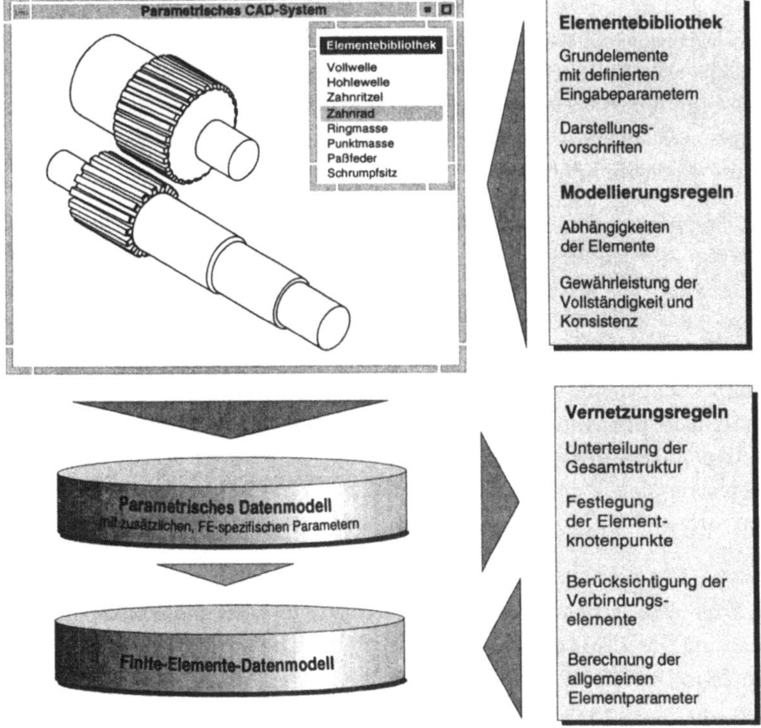

Bild 4.2. Einbindung der FE-Modellbildung in eine CAD-Konzeption

Voraussetzung für die Anwendbarkeit eines CAD-Systems ist die feature-basierte Vorgehensweise innerhalb des Systems. Vorteilhaft ist die Verwendung eines parametrischen Systems, da Änderungen sehr leicht eingebracht und Variationsrechnungen mit geringem Aufwand durchgeführt werden können. Ein 3D-CAD-System ist, wie oben erwähnt, nicht zwingend erforderlich, da auch im 2D-Bereich parametrische CAD-Systeme existieren. Das 3D-System wird hier jedoch im weiteren Verlauf benutzt, um auch die umgebenden Gehäusebauteile einzugeben und mit dem Getriebe zu verbinden.

4.1.4 Bewertender Vergleich der Lösungen

Beide vorgeschlagenen Lösungen liefern Daten-Teilmodelle sowohl für die Getriebegeometrie als auch für die dynamische Analyse mit der Finite-Elemente-Methode. Bewertet werden können die Varianten z. B. nach dem Grad der realisierten Datenintegration, bzw. der weiteren Verwendungsmöglichkeiten der Getriebemodelle als auch nach dem Aufwand für die Modellerstellung.

Als langfristig anzustrebende Ideallösung ist die vollständige Einbindung der Konzeptmodellierung in das CAD-System zu sehen. Sie bietet eine sehr weitgehende Vereinheitlichung der Datenmodelle und erlaubt bei entsprechender Verknüpfung der Geometrie-Bausteine mit den zugehörigen FE-Bausteinen sehr einfache und schnelle Modellbildung verschiedener konstruktiver Varianten. Es besteht die Möglichkeit, zusätzliche Programmodule für weitere Auslegungsrechnungen in das System einzubeziehen. Eine Verknüpfung von Konzept und detailliertem Geometrie-Modell in beiden Richtungen erlaubt auch noch im späten Entwurfsstadium Änderungen des Konzepts mit sehr geringem Aufwand.

Im Zuge einer schrittweisen Realisierung dieses Konzepts stellt die Verwendung des zuvor beschriebenen Modellierungssystems *ASDY*-CAD einen Zwischenschritt dar. Das System bietet den Vorteil einer sehr einfachen und anschaulichen Modellierung eines Getriebe-Grundkonzepts, das bei Konzeptänderungen sehr flexibel gehandhabt werden kann. Die Verknüpfung mit einem Standard-CAD-System zum weiteren Ausarbeiten stellt im ersten Ansatz eine geeignete Einbindung in den Entwurfsprozeß dar. Dadurch können auch die für das Getriebegehäuse gestaltbestimmenden Parameter des Getriebes auf einfache Weise mit dem Geometriemodell des Gehäuses verbunden werden. Da die FE-Daten jederzeit wieder aus den Konzept-Daten bestimmt werden können, ist eine gesonderte Datenhaltung für ein FE-Teilmodell nicht erforderlich

4.2 FE-Modellgenerierung mit *ASDY*-FEM

Zur Berechnung des dynamischen Verhaltens der in *ASDY*-CAD modellierten Getriebestruktur muß im nächsten Schritt das zugehörige FE-Modell erzeugt werden. Ausgehend von einem vorhandenen Geometrie-Modell läßt sich das praktische Vorgehen dazu in vier Phasen einteilen:

1. Idealisierung, d. h. im einzelnen:
   - Wahl der Modellart (2D/3D),
   - Wahl der Elementart,
   - Linearisierung,
   - Unterdrücken unwichtiger geometrischer Details,
2. Vernetzung,
3. Parameterzuweisung und
4. Einfügen der Randbedingungen.

Zur Bildung eines für die jeweilige Berechnungsaufgabe optimalen FE-Netzes müssen üblicherweise bestimmte Strategien bzw. Modellierungsregeln beachtet werden, z. B. hinsichtlich Anzahl, Größe, Seitenverhältnis oder Winkligkeit der Elemente. Aufgrund des speziellen Aufbaus des Programms *ASDY* erfolgen diese Schritte hier automatisch. Durch die Zuordnung einer FEM-Repräsentation zu jedem der im Konzept-CAD-System definierten Geometrie-Bausteine wurden die Schritte Idealisierung und Vernetzung, d. h. die Unterteilung der Geometrie in vernetzbare Elemente und die Unterteilung in finite Elemente, bei der Erstellung des Moduls *ASDY*-FEM einmalig vorweggenommen. Ebenso sind die Algorithmen zur Parameterzuweisung in dem Programmsystem durch die den einzelnen Bausteinen zugehörigen Formeln zur Elementmatrizenerstellung hinterlegt.

Die mit den Geometrie-Bausteinen verbundenen FE-Elemente wurden bereits in Tabelle 4.1 dargestellt. Sie beinhalten maximal drei Knotenpunkte mit jeweils 6 Freiheitsgraden und sind eindimensional, d. h. sie erstrecken sich lediglich in x-Richtung. Die Ergebnisse sind daher auf die Symmetrieachse (Wellenachse) bezogen.

Die Massen- und Steifigkeitseigenschaften bzw. die Kopplungen, die durch die Modellierung mit *ASDY*-FEM abgebildet werden, sind von den einzelnen Elementtypen abhängig:

- Infolge ihrer Herleitung [KRÄMER 1984] weisen Balkenelemente Massen- und Steifigkeitsmatrizen auf, die in der Haupt- und den Nebendiagonalen besetzt sind. Sie berücksichtigen damit auch komplexe Kopplungen aufgrund der Kontinuumseigenschaften und besitzen durch diesen Ansatz eine sehr hohe Genauigkeit.
- Lager, Paßfedern und allgemeine Federelemente berücksichtigen nur direkte Kopplungen zwischen gleichen Freiheitsgraden zweier Knotenpunkte. Es sind daher nur die Hauptdiagonalen der Steifigkeitsmatrix besetzt.
- Starrkörper bzw. konzentrierte Massenelemente wirken lediglich in einem Knotenpunkt und besitzen eine in den Hauptdiagonalen besetzte Massenmatrix.
- Zahnrad- und Riemenstufen stellen die komplexesten Elemente des Systems dar und koppeln für zwei beteiligte Knotenpunkte alle $2 \times 6 = 12$ Freiheitsgrade, bilden also $12 \times 12 = 144$ Kopplungen ab. Zur Herleitung der Steifigkeitsmatrix für den allgemeinen Fall einer schrägverzahnten Stirnradstufe sei wiederum auf SUMMER (1986) verwiesen.

Zusätzlich zu den Algorithmen zur Finite-Elemente-Modellierung für alle Geometrie-Bausteine sind im System verschiedene grundlegende Modellierungsregeln hinterlegt, die die Bearbeitung erleichtern. Dies soll an zwei Beispielen gezeigt werden.

Unterschiedlich grafisch dargestellte Bausteine können dieselbe Repräsentation im FE-Modell besitzen und sich lediglich durch die Parameterzuweisung unterscheiden. Ein Beispiel zeigt Tabelle 4.2: Vollwelle, Hohlwelle und Zahnrad mit aufgeschnittenen Zähnen werden unterschiedlich dargestellt, können aber alle durch ein bzw. zwei Balkenelemente idealisiert werden. Voll- und Hohlwelle unterscheiden sich lediglich durch die Bestimmung von z. B. Masse oder Trägheitsmoment. Dagegen wird beim Zahnrad vom System berücksichtigt, daß in der Mitte ein weiterer Knotenpunkt zur Anbindung der Feder eingefügt werden muß, die zur Idealisierung der Zahnstufe dient. Das Zahnradelement wird dementsprechend automatisch durch zwei Balkenelemente modelliert. Analog zu diesem Vorgehen wird bei Wellenelementen mit ungünstigem Durchmesser-Längen-Verhältnis automatisch eine Verfeinerung des Netzes durch Einfügen zusätzlicher Knotenpunkte vorgenommen, ohne daß die Vernetzung gesondert gesteuert werden muß.

Darstellung (*ASDY*-CAD)	**Idealisierung (*ASDY*-FEM)**	**Parameterzuweisung** *(Beispiel)*
Welle	KP 1, KP 2, x	1 Balkenelement $I_x = \frac{\pi \cdot d^4}{32}$, $m = \frac{\pi \cdot d^2}{4} \cdot l \cdot \rho$
Hohlwelle	KP 1, KP 2, x	1 Balkenelement $I_x = \frac{\pi \cdot (d_a^4 - d_i^4)}{32}$, $m = \frac{\pi \cdot (d_a^2 - d_i^2)}{4} \cdot l \cdot \rho$
Ritzel	El 1, El 2, KP 1, KP 2, KP 3, x	2 Balkenelemente $I_{x1} = I_{x2} = \frac{\pi \cdot d_t^4}{32}$, $m_1 = m_2 = \frac{\pi \cdot d_t^2}{4} \cdot l/2 \cdot \rho$

Tabelle 4.2. Idealisierung und Parameterzuweisung unterschiedlicher Grundelemente, Eingabeparameter vgl. Tabelle 4.1

Für den Benutzer des Systems bleibt das Vorgehen zur Modellierung einer FE-Struktur aus dem Geometrie-Modell damit vollständig verborgen. Idealisierung, Modellierungsregeln und Methoden zur Parameterermittlung sind durch den Aufbau der Konstruktionsbausteine des Konzept-CAD-Systems vorgegeben und werden durch den Pre-Prozessor ohne zusätzliche Eingabe ausgeführt. Die korrekte, automatische FEM-Modellierung wird dadurch sichergestellt, daß:

- jedem Geometrie-Baustein genau eine FEM-Repräsentation zugeordnet ist,
- eine Benutzerführung das Einfügen spezieller Bausteine nur an bestimmten Stellen zuläßt,
- bei Bedarf eine automatische Unterteilung von Elementen vorgenommen wird, und
- die Berechnung und Zuweisung von Parametern programmgesteuert stets vollständig erfolgt.

Tabelle 4.3 zeigt einige Beispiele für derartige implizite Modellierungsregeln. Sie gewährleisten die Erstellung eines stets vollständig aufgebauten FE-Modells. Typische Fehler, wie die Erzeugung masseloser Knotenpunkte oder fehlende Steifigkeitsverbindungen zwischen zwei Knotenpunkten, können mit Hilfe dieser Regeln vermieden werden.

Modellierungsregel	**Darstellung**
Die Grundstruktur einer Welle kann nur durch direktes Aneinanderfügen von Wellen-, Hohlwellen- oder Zahnritzelbausteinen erzeugt werden. Sie besitzt damit grundsätzlich Massen- und Steifigkeitseigenschaften.	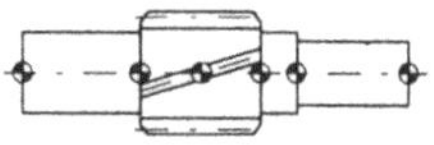
Zusätzliche Massenelemente können nur an Wellenelemente angefügt werden, ohne Angabe einer zugehörigen Federverbindung (z. B. Paßfeder) wird die Bearbeitung nicht abgeschlossen.	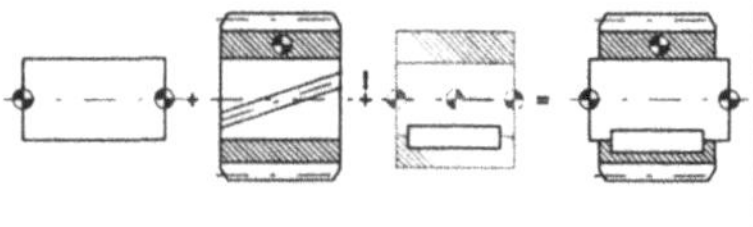
Wo Lagerstellen angegeben werden, wird in einer Wellenstruktur automatisch ein neuer Knotenpunkt zur Federanbindung generiert.	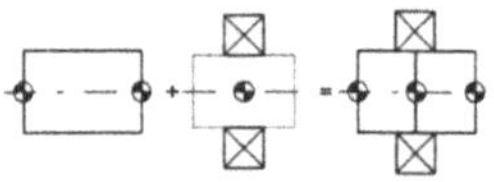

Tabelle 4.3. Grundlegende Modellierungsregeln des Entwurfsystems

In der Vergangenheit wurde - zumeist aufgrund nicht ausreichender Rechnerkapazität - der Kondensation zur Reduzierung des Berechnungsaufwands große Bedeutung zugemessen. Methoden dazu basieren zum einen auf der Einführung spezieller Kondensationselemente, d. h. der Reduzierung der Knotenpunktszahl in einzelnen Elementen, oder auf einer abstrakten, rein mathematischen Streichung von Freiheitsgraden in den Systemmatrizen. Beide Verfahren haben den Nachteil einer verringerten Anschaulichkeit, was insbesondere die Schwachstellenanalyse erschwert. Ihre Anwendung zum Zweck der Verkürzung der Rechenzeit ist heute auch kaum mehr gerechtfertigt, da durch die zur Verfügung stehenden Rechnerleistung bei Getriebestrukturen der hier betrachteten Größenordnung die Rechenzeit praktisch nicht mehr ins Gewicht fällt. Es ist daher einfacher, genauer und für die grafische Darstellung anschaulicher, die erzeugte Vernetzung ohne weitere Anpassung zu berechnen oder - wie beschrieben - Zusatzknotenpunkte einzufügen, wenn die zunächst unregelmäßige Verteilung der Knotenpunkte es erfordert.

4.3 Programmtechnischer Aufbau der Module

Das vorgestellte Konzept-CAD-System wurde unter Verwendung üblicher Standards für Grafik-Workstations (Betriebssystem Unix, Grafikschnittstelle X-Windows und Motif, Programmiersprache C) entwickelt. Das Programm selbst ist vollständig modular und objektorientiert aufgebaut. Jede Aktion innerhalb des Programms erfolgt elementtyp-spezifisch, so daß neue Elementtypen durch Hinzufügen der beispielsweise zur grafischen Darstellung, Vernetzung, Parameterbestimmung oder Speicherung erforderlichen Methoden eingebunden werden können.

Der programmtechnische Aufbau des gesamten Programmsystems *ASDY* ist für alle vorhandenen Module identisch. Das Grundprinzip soll deshalb an dieser Stelle beispielhaft erläutert werden, lediglich auf Besonderheiten, z. B. spezifische Berechnungs-Algorithmen oder die Benutzerführung wird in späteren Kapiteln kurz eingegangen.

Die Struktur eines kompletten Getriebedatensatzes ist in Bild 4.3 dargestellt. Sie ist aus mehreren verketteten Listen aufgebaut, d. h. die Getriebestruktur besteht aus einer Liste aller Wellen und der zugehörigen Übersetzungselemente, die Wellenstruktur wiederum aus einer Liste aller Elemente, die in der Welle enthalten sind.

Im einzelnen enthält der *Getriebe*-Teil des Datensatzes neben allgemeinen Daten, die immer in gleicher Weise anzugeben sind (Getriebebezeichnungen, Bezugspunkte der Einzelwellen im globalen Koordinatensystem) einen Verweis auf die erste Getriebewelle der Liste und einen Verweis auf das erste Element der Liste der zugehörigen Übersetzungselemente. Jede Welle, bzw. jedes Element verweist zusätzlich auf die nächstfolgende in der Reihe, so daß die Liste beliebig erweiterbar ist. Ein ähnlicher Aufbau liegt dem *Wellen*-Teil zu Grunde: Er beinhaltet immer einen allgemeinen Kopfteil mit Angaben, die für jedes Element in gleicher Weise erforderlich sind (z. B. Elementnummer, Material, Anfangskoordinate, Länge) sowie einen Verweis auf den spezifischen Elementdatenbereich, d. h. die unterschiedlichen Parameter der Elemente.

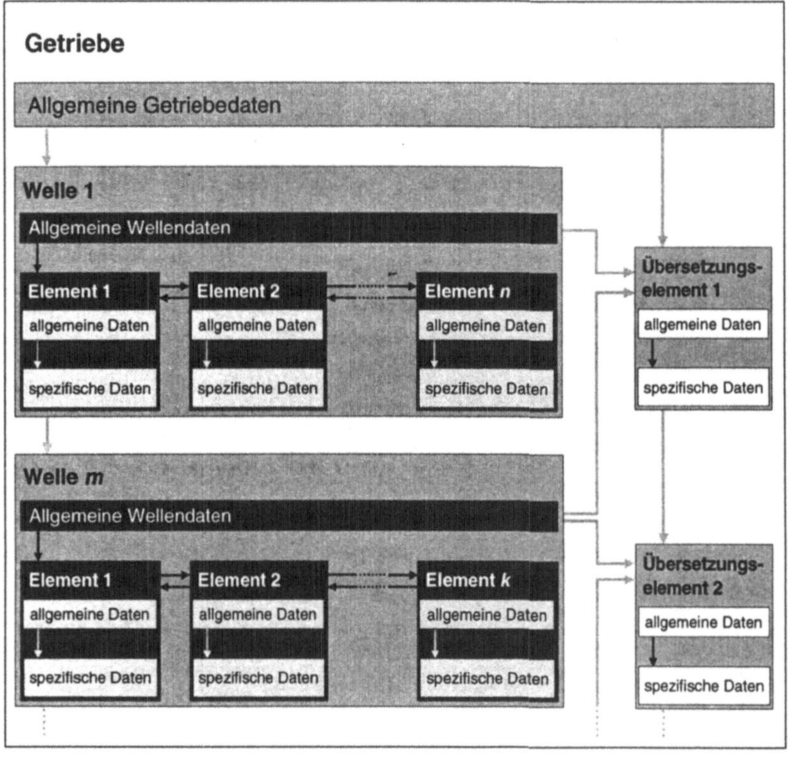

Bild 4.3. Datenstruktur der Getriebedaten in *ASDY*

Die Verarbeitung der Daten in dieser Form erlaubt auf einfache Weise eine dynamische Speicherverwaltung und setzt der Anzahl der eingegebenen Elemente lediglich aufgrund des vorhandenen Speichers eine Grenze, die in der Praxis jedoch nicht erreicht wird. Alle globalen Operationen, wie Speichern, Öffnen, Darstellen, Knotenpunkte ermitteln o. ä. können sehr schnell durch aufeinanderfolgendes Bearbeiten aller Elemente entlang der erzeugten Elementliste durchgeführt werden.

Die Programmstruktur der elementspezifischen Funktionen zur Eingabe, Speicherallokierung, Darstellung o. ä. ist in gleicher Weise aufgebaut wie die Datenstruktur, damit eine optimale Modularität und Erweiterbarkeit des Modellierungssystems erreicht wird. Um umständliche Fallunterscheidungen bei verschiedenen Elementen zu vermeiden und den eigentlichen Programmablauf einfach zu halten, besteht jede Funktion, die elementspezifische Varianten berücksichtigen muß, lediglich aus einem Vektor der entsprechenden Funktionsadressen. Beim Aufruf der allgemeinen Funktion Zeichnen erfolgt dann sofort die Verzweigung zur entsprechenden elementtyp-spezifischen Operation (Bild 4.4).

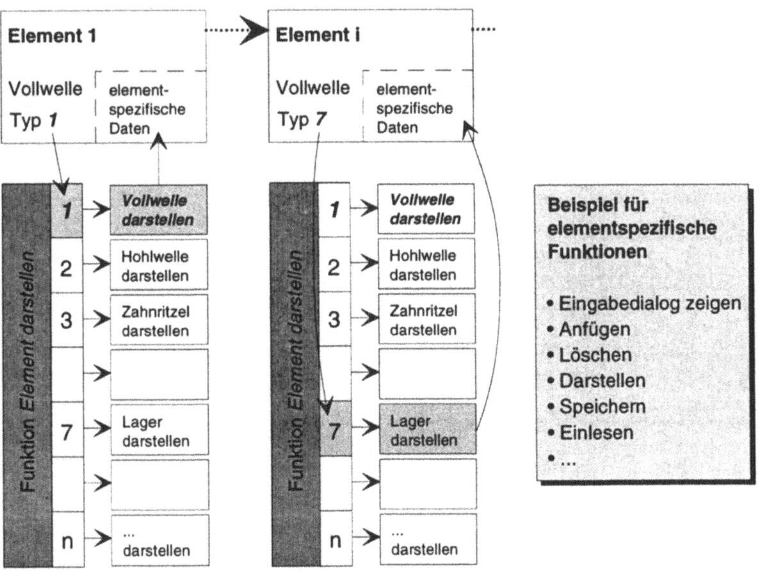

Bild 4.4. Funktionsaufbau elementtyp-spezifischer Funktionen

Durch diese Art des Daten- und Programmaufbaus ist es sehr leicht möglich zusätzliche Elemente in das Programmsystem einzubinden: Nach der Festlegung der entsprechenden elementtyp-spezifischen Daten sind die unterschiedlichen Operationen zum Element zu erstellen und in das Gesamtprogramm einzubinden. Auf diese Weise können beispielsweise Elemente zur Modellbildung von Vorschubantriebszweigen, Kupplungen o. ä. erzeugt werden. Das entwickelte Konzeptionssystem besitzt eine grafische Benutzeroberfläche, die die sofortige Kontrolle der eingegebenen geometrischen Grundstrukturen erlaubt. Die entsprechenden Bedienermenüs zur Auswahl der bearbeiteten Welle, zur Eingabe bzw. Änderung von Elementen, sowie die Darstellung einer Wellengeometrie sind am Beispiel in Bild 4.5 gezeigt.

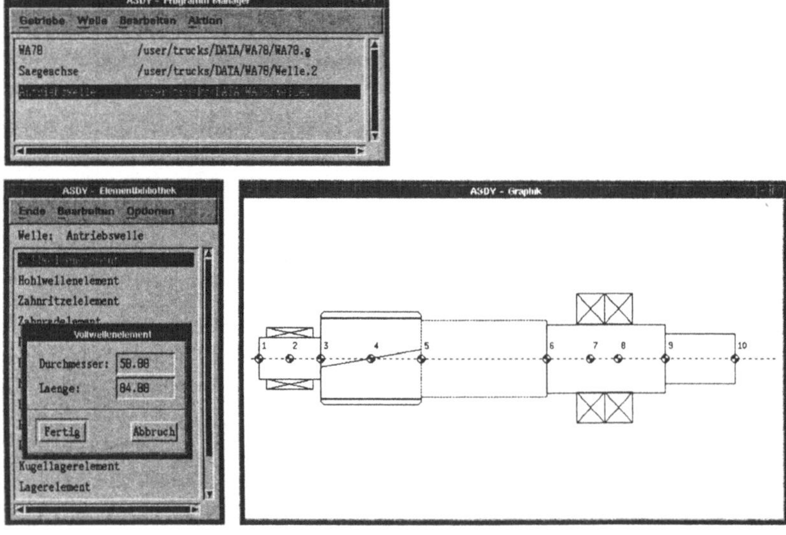

Bild 4.5. Benutzeroberfläche zur Wellenbearbeitung

4.4 Genauigkeit der Parameterbestimmung

Die Zuweisung der Massen- und Steifigkeitsparameter zu den automatisch erzeugten finiten Elementen des Getriebemodells ist eine wesentliche Funktion des Programmoduls *ASDY*-FEM. Sie entscheidet maßgeblich über die Genauigkeit der gesamten FE-Modellbildung. Welche Parameter für welche Bausteine bestimmt werden, richtet sich nach einigen allgemeinen Grundregeln, die bei der gewählten Modellierung angewendet werden und die der bereits erwähnten Modellierungsmethode nach MÜLLER (1980) bzw. SUMMER (1986) entsprechen, z. B.:

- Das Torsions- und Biegeverhalten der einzelnen Wellen wird in erster Näherung nur durch die Wellenstücke bestimmt.
- Zusätzliche Zahnräder haben lediglich Einfluß durch ihre Massen, da sie in sich nicht verformt werden.
- Übersetzungsstufen können zur Schwingungsberechnung durch lineares Steifigkeitsverhalten charakterisiert werden.
- Lagerstellen der Wellen können in ihrer Nachgiebigkeit ebenfalls linear definiert werden und haben keine Massenwirkung.

Die bei den verschiedenen Bausteinen berücksichtigten Modellparameter müssen in Abhängigkeit von den gegebenen konstruktiven Variablen mit hoher Genauigkeit bestimmt und dem System *ASDY*-FEM hinterlegt werden. Dazu existieren verschiedene rechnerische und experimentelle Ansätze, die in Bild 4.6 beispielhaft dargestellt sind.

Massen- und Steifigkeitsmatrizen verschiedener Elemente können analytisch bestimmt werden, z. B. für Balken- oder reine Massenelemente [KRÄMER 1984]. Zur Ermittlung der Übertragungssteifigkeit von Welle-Nabe-Verbindungen, z. B. Paßfeder- oder Keilwellenverbindungen, wird auf die von MÜLLER (1980) aufgestellten Formeln und Erfahrungswerte zurückgegriffen, die von SUMMER (1986) bestätigt werden. Gleiches gilt für Zahnrad- und Riemenstufen. Darüber hinaus besteht aber heute z. B. die Möglichkeit, unbekannte Zahnsteifigkeiten, d. h. die Verformungen der Zähne mit Hilfe der FE-Methode im Detail zu bestimmen [BONG 1990] und die berechneten Werte zu übernehmen. Ebenso wie die Angaben aus Lagerkatalogen liefern statische Steifigkeitsmessungen Anhaltswerte bei Lagerparametern, während Modellversuche an ausgewählten Teststrukturen genaue Resultate bringen können. Der Vergleich von Berechnungsergebnissen mit einer experimentellen Modalanalyse ermöglicht die Anpassung unbekannter Parameter des Modells, z. B. der Übertragungssteifigkeit einer Zahnradstufe, an die Realität. Dieses Verfahren ist durchführbar, wenn die übrigen Massen- und Steifigkeitsparameter der Struktur mit hinreichender Genauigkeit bekannt sind. Wegen der Vielzahl eng benachbarter Eigenfrequenzen bei Getriebestrukturen wird es in der Praxis i. allg. zu einer starken Überlagerung verschiedener Eigenformen kommen, die die meßtechnische Untersuchung und den Vergleich mit Berechnungsergebnissen erschwert. Spezielle Verfahren zur Modalanalyse mit gestufter Sinusanregung [EIBELSHÄUSER 1990], [KIRCHKNOPF 1989] erlauben hier dennoch eine sehr genaue Untersuchung und liefern gute Vergleichswerte für die Berechnung.

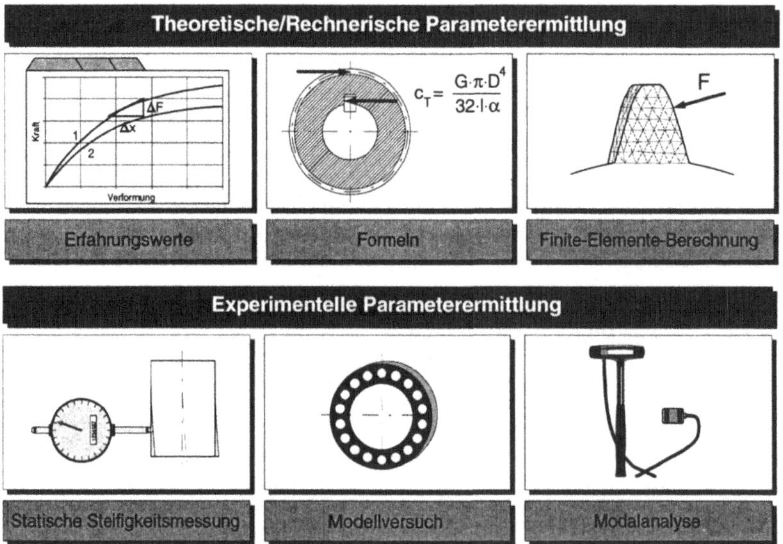

Bild 4.6. Möglichkeiten zur Ermittlung von Parametern finiter Elemente, nach [ALBERTZ 1993]

Die Erfahrung zeigt, daß die Genauigkeit der Parameterbestimmung mit den beschriebenen Methoden ausreicht, um eine gute Übereinstimmung von berechnetem und realem Verhalten bei der Konzeptbeurteilung zu gewährleisten. Insbesondere ist die Modellgüte für den Vergleich verschiedener konstruktiver Varianten geeignet. Die Genauigkeit der Berechnung wird in Kapitel 5 näher erläutert.

5 Berechnungsverfahren

5.1 Anforderungen

Die Berechnung des dynamischen Verhaltens mechanischer Strukturen auf der Basis von Finite-Element-Modellen beinhaltet rein mathematisch die Lösung des allgemeinen Eigenwertproblems gemäß (Gl. 2.11). Die Erstellung der physikalischen Parameter zum Aufbau der elementspezifischen Massen- und Steifigkeitsmatrizen auf der Basis der Geometrie- und Technologiedaten sowie deren Superposition zur Erstellung der Systemmatrizen des FE-Modells wird üblicherweise ebenfalls dem Bereich der Berechnung zugeordnet. Wie bei der Modellbildung ist im wesentlichen zwischen zwei Arten von Programmen zur Lösung dieser Aufgabe zu unterscheiden (Tabelle 5.1).

Art	**Einzweck-Programm**	**Mehrzweck-Programm**
Zweck	Berechnung und Auswertung für einfache Aufgabenstellungen und eine bestimmte, klar abgegrenzte Gruppe mechanischer Strukturen	Universelle Berechnung und Auswertung für sehr unterschiedliche, komplexe mechanischer Strukturen
Beispiel	Getriebe	Werkzeugmaschine

Tabelle 5.1. Programme zur Lösung dynamischer Problemstellungen

Mehrzweck-Programme bieten zur Modellierung einfache und flexibel anwendbare Elemente (vgl. Abschnitt 3.2.2), zumeist auch verschiedene Verfahren zur Lösung des Problems. Einzweck-Programme werden vorteilhaft verwendet, wenn komplexe Strukturen zu modellieren sind und der Benutzer durch eine im System festgelegte Methodik bei der Modellgenerierung unterstützt werden soll. Aufgrund der speziellen Ausrichtung steht zumeist auch nur ein einzelnes, auf die Erfordernisse der jeweiligen Problemart abgestimmtes Lösungsverfahren zur Verfügung.

Aufgrund der Leistungsfähigkeit moderner Rechenanlagen und des hohen Entwicklungsstandes universeller FEM-Mehrzweck-Programme ist ihre Anwendung weit verbreitet. Demgegenüber ist der Aufwand zur Erstellung eines praktisch einsetzbaren, zuverlässigen und benutzerfreundlichen Programms in der Regel hoch im Verhältnis zur Verwendung der Standardsoftware. Dennoch ist es in manchen Fällen sinnvoll, auf Speziallösungen zurückzugreifen, z. B. zur Abbildung bestimmter Modellierungsvorschriften oder -methoden, zur Berücksichtigung besonderer Effekte oder zur Beschleunigung der Berechnung durch angepaßte Lösungsverfahren.

Das hier vorgestellte Programmsystem soll in der Konzeptionsphase von Getriebebaugruppen zur Berechnung von Schwingungsproblemen eingesetzt werden. Da dies eine typische Ein-Zweck-Aufgabenstellung ist, bietet sich der Einsatz eines an die klar festgelegte Berechnungsaufgabe angepaßten Programms an. Um darüber hinaus die Kompatibilität zwischen Getriebemodellen und Modellen des umgebenden Gehäuses zu gewährleisten, sollten aber auch Gestellstrukturen, bzw. die Verbindung von Getriebe- und Gestellstrukturen zu berechnen sein. Zur Berechnung des Schwingungsverhaltens von Werkzeugmaschinengetrieben wurden hier zwei Möglichkeiten betrachtet:

1. Die Verwendung eines selbst- bzw. weiterentwickelten Ein-Zweck-Programms, das speziell zur Modellierung von Getrieben entworfen wurde, um einfache Bedienung und geringen Modellierungs- und Berechnungsaufwand zu gewährleisten.
2. Die Verwendung eines Standard-Softwarepakets zur Berechnung allgemeiner mechanischer Strukturen, um Möglichkeiten zur Kopplung der Getriebeberechnung mit weiteren Berechnungsaufgaben zu verwirklichen.

Für den optimalen Einsatz bei der Konzeption von Getrieben lassen sich aus den Anforderungen an das gesamte Modellierungs- und Berechnungssystem folgende Forderungen an das Teilsystem *Berechnung* ableiten:

- Die Genauigkeit der Berechnung muß so weit ausreichend sein, daß im Rahmen des jeweilige Detaillierungsgrades der Konstruktion aussagefähige Ergebnisse erzielt werden können. Dazu muß das Lösungsverfahren selbst numerisch stabil sein.
- Die Berechnung muß in kurzer Zeit durchführbar sein, um verschiedene Varianten in kurzer Zeit miteinander vergleichen zu können.

Beide Lösungsmöglichkeiten sollen zunächst kurz vorgestellt und hinsichtlich ausgewählter Leistungsmerkmale verglichen werden, bevor auf einige Sonderprobleme der Berechnung eingegangen wird.

5.2 Berechnung mit *ASDY*-Solver

Aufbauend auf der in Kapitel 4 erläuterten grafisch interaktiven Modellierung von Getriebestrukturen werden im Programm-Modul *ASDY*-Solver die Elementmatrizen aufgestellt und zu den Systemmassen- und -steifigkeitsmatrizen superponiert. Grundlage dazu sind die von MÜLLER (1980) und SUMMER (1986) dargestellten Methoden zur Modellbildung von Antriebsstrukturen. Diese Verfahren wurden in einen Ablauf eingebunden, der die notwendigen Angaben reduziert und die Berechnung vereinfacht.

Zur vollständigen Analyse eines Getriebes ist sowohl das Schwingungsverhalten der Einzelwellen als auch das des kompletten Getriebes unter Einbeziehung der Zahnradstufen zur Wellenkopplung zu berechnen. Methoden zur Darstellung und Auswertung dieser beiden getrennten Berechnung sind im Modul *ASDY*-Analyse implementiert und werden in Kapitel 6 erläutert.

Der in Bild 5.1 gezeigte prinzipielle Ablauf der Berechnung ist in die Schritte Dateneingabe, Erstellung der Element- und Systemmatrizen, Lösung und Ausgabe gegliedert. Im Falle der einfachen Einzelwellenberechnung, z. B. für einzelne Hauptspindeln, werden alle Elemente einer Welle nacheinander eingelesen, die Elementmatrizen erstellt und zu den Systemmatrizen überlagert. Bei der Berechnung des ganzen Getriebes ergeben sich darüber hinaus zwei weitere Aufgaben, bevor das System gelöst werden kann: Zum einen sind die Elementmatrizen für alle Wellen in das globale Koordinatensystem einer zuvor festgelegten

Bezugswelle zu transformieren, zum anderen ist die Numerierung der Knotenpunkte so zu optimieren, daß die Nummern zweier beliebiger benachbarter Knotenpunkte eine minimale Differenz aufweisen. Beim Zusammensetzen der Systemmatrizen führt dies zu einer Gesamtmatrix minimaler Bandbreite, was sowohl den Speicherbedarf als auch die Rechenzeit zur Lösung verringert.

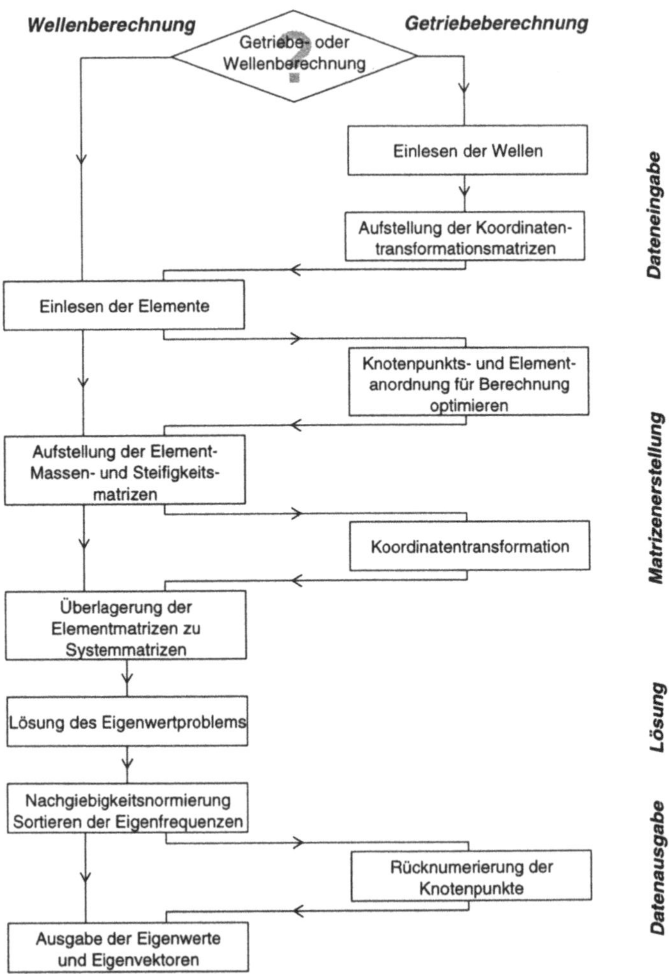

Bild 5.1. Ablaufdiagramm der Getriebeberechnung mit *ASDY*-Solver

Da die Numerierung der Knotenpunkte einer Einzelwellenstruktur bei der Modellierung grundsätzlich in der Reihenfolge der aneinanderhängenden Elemente erfolgt und durch den Aufbau der Elemente keine Knotenpunktsdifferenzen von $\Delta\, i_{KP} > 3$ erzeugt werden können, ist eine Optimierung dort nicht erforderlich.

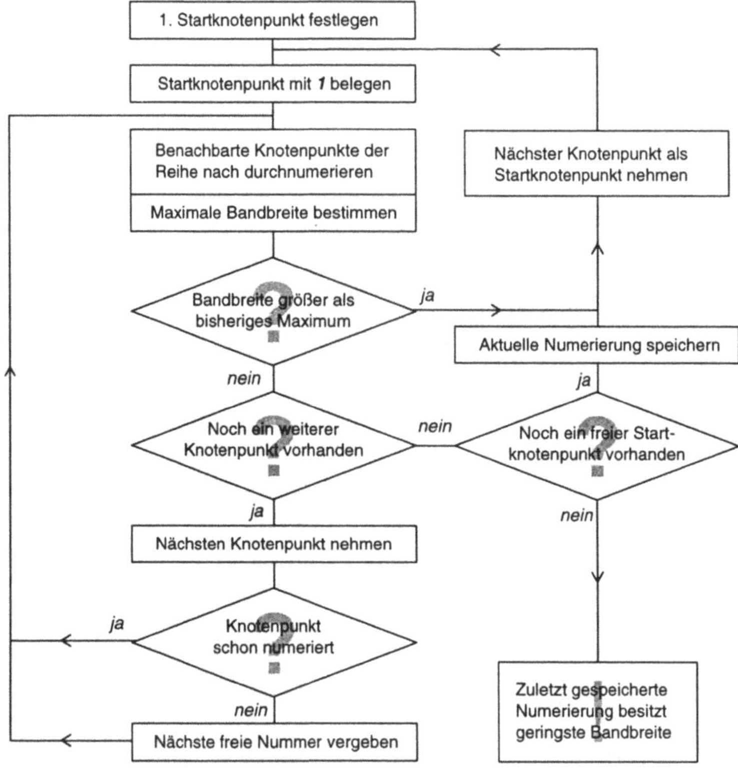

Bild 5.2. Algorithmus zur Bandbreitenoptimierung, nach [COLLINS 1973]

Bei den mit den beschriebenen Programmen erzeugten FE-Modellen handelt es sich durchweg um relativ einfach aufgebaute Strukturen mit maximal 50 Knotenpunkten. Zur Bandbreitenoptimierung kann daher ein simpler Algorithmus nach COLLINS (1973) verwendet werden, der zum einen leicht zu realisieren ist und zum anderen bei Problemen der vorliegenden Größenordnung gute Optimierungsergebnisse in sehr kurzer Zeit liefert. Der Aufbau ist in Bild 5.2 dargestellt.

Das in *ASDY*-Solver implementierte Verfahren zur Lösung des Eigenwertproblems verwendet eine Standard-Routine aus einer mathematischen Funktionsbibliothek [EISPACK 1976]. Es beruht auf der Eigenschaft der *Sturmschen Ketten* des zugehörigen charakteristischen Polynoms. Dabei wird die Bisektionsmethode verwendet, um die gesuchten Eigenwerte in festgelegten Intervallen zu isolieren. Die Eigenvektoren des Systems werden im Anschluß daran durch inverse Iteration berechnet [BATHE 1990].

Das Verfahren zeigt für die Bestimmung einer relativ geringen Zahl von Eigenwerten in einem vorgegebenen Frequenzbereich bis ca. 2000 Hz sehr gute Ergebnisse hinsichtlich Rechenzeit und -genauigkeit.

5.3 Berechnung mit Standard-FEM-Programm

Die Untersuchung von Gestell- bzw. Gehäusekomponenten von Werkzeugmaschinen stellt erhebliche Anforderungen an die Leistungsfähigkeit des verwendeten FEM-Programmpakets, da die entsprechenden Modelle in der Regel ein Vielfaches der Knotenpunktszahl reiner Getriebemodelle aufweisen. Das FEM-Paket MSC/NASTRAN ist eines der am Markt verfügbaren leistungsfähigen Systeme zur Analyse beliebiger mechanischer Strukturen und ist im Gegensatz zur oben beschriebenen Eigenentwicklung *ASDY* nicht auf einen speziellen Anwendungsfall hin konzipiert. Das Paket erlaubt mit unterschiedlichen Programm-Modulen Untersuchungen mit statischen und/oder dynamischen Belastungsfällen sowie im Bereich thermischer Belastungen oder der Strömungsmechanik.

5.3.1 Struktur des FEM-Programms

Vor einem Rechenlauf zur FE-Analyse muß der Anwender einen entsprechenden Eingabedatensatz erzeugen, der zum einen Steuerparameter für den Rechenlauf und zum anderen die Beschreibung des zu berechnenden FE-Modells enthält. Er kann entweder direkt mit einem

Editor oder mit Hilfe eines gesonderten, grafisch-interaktiven Pre-Prozessors erstellt werden. Da im Pre-Prozessor *ASDY*-FEM prinzipiell alle Informationen für die Erstellung eines NASTRAN-Modells vorhanden sind, ist die automatische Generierung aus den *ASDY*-Daten ohne besondere Probleme möglich.

Auch bei Verwendung eines Standard-Programms soll zunächst das konservative System betrachtet werden. Zur Lösung des zugehörigen reellen Eigenwertproblems stehen dem Anwender dazu anders als bei der Eigenentwicklung *ASDY*-Solver verschiedene Algorithmen zur Verfügung. Von den sieben in NASTRAN möglichen Ansätzen wurde die LANCZOS-Methode [BATHE 1990], [ZURMÜHL 1964], [LANCZOS 1950] gewählt. Sie wird vom Hersteller speziell für die Berechnung von Systemen mit hoher Knotenpunktszahl empfohlen und wurde bisher bei der Berechnung von Werkzeugmaschinen mit Erfolg eingesetzt. Insbesondere konnte eine gute Übereinstimmung mit meßtechnisch gewonnenen Ergebnissen erzielt werden. Sie wurde daher im Hinblick auf die angestrebte Kompatibilität der Getriebeberechnung mit Gehäuseberechnungen verwendet.

5.3.2 Schnittstelle *ASDY* - MSC/NASTRAN

Da FEM-Standard-Programmpakete keine spezifischen Elemente zur Getriebeberechnung besitzen, ist die Umsetzung der in *ASDY* verwendeten Modellierungsmethode in die Struktur der zur Verfügung stehenden Elemente erforderlich. Das Vorgehen ist für die einzelnen Bausteine bzw. Elementtypen (vgl. Abschnitt 4.1.2) unterschiedlich und wird im folgenden prinzipiell erläutert.

Für den Export der in ASDY modellierten Daten existieren drei Möglichkeiten:

1. Erstellung der Systemmassen- und -steifigkeitsmatrizen in *ASDY* und Übergabe an NASTRAN,
2. Erstellung der Elementmassen- und -steifigkeitsmatrizen in *ASDY*, elementweise Übergabe und Superposition in NASTRAN,

3. Erzeugung von Elementen in NASTRAN, deren physikalische Parameter den verwendeten *ASDY*-Elementen entsprechend belegt werden, Matrizenerstellung und Überlagerung in NASTRAN.

Neben der einfachen Realisierung besitzt die letztgenannte Lösungsmöglichkeit den Vorteil, daß die erzeugten FE-Daten aufgrund der Anschaulichkeit der Elementstruktur leicht auf die Richtigkeit der Eingabe zu überprüfen sind. Bei der Visualisierung der Berechnungsergebnisse von Gehäuse und Getriebestruktur bietet diese Methode auch die beste Anschaulichkeit, da die zugrunde liegende Balkenstruktur grafisch dargestellt werden kann, während die abstrakten, als Element- oder Systemmatrizen übergebenen Daten nicht mehr konkret zu interpretieren sind. Die dritte Lösung ist jedoch nur für Wellen, Massen und Lager anwendbar; für Übertragungselemente wird die zweite Methode eingesetzt.

Bei der Umsetzung der in *ASDY* modellierten Getriebedaten ist zu beachten, daß sowohl die berücksichtigten Freiheitsgrade als auch die im Modell abgebildeten Kopplungen korrekt übertragen werden. Dazu müssen den verschiedenen *ASDY*-Elementen die entsprechenden NASTRAN-Elemente zugeordnet werden, wie es im folgenden gezeigt wird.

Balkenelemente

Balkenelemente in *ASDY* finden ihre direkte Entsprechung in BEAM-Elementen, deren Elementmatrizen in NASTRAN auf dieselbe Art berechnet werden wie in *ASDY* [MSC/NASTRAN 1994]. Die Parameter, die ein Balkenelement definieren, sind daher lediglich von der einfachen *ASDY*-Struktur in die aufgrund der höheren Programmkomplexität aufwendigere NASTRAN-Struktur zu übertragen. Bild 5.3 zeigt den grundsätzlichen Datenaufbau in beiden Programmsystemen am Beispiel eines Wellenelements in *ASDY*. Neben der datenorganisatorischen Umstellung besteht der Unterschied hier lediglich in der allgemeineren Angabe von Querschnittsfläche und Trägheitsmoment in NASTRAN statt von Innen- und Außendurchmesser in *ASDY*.

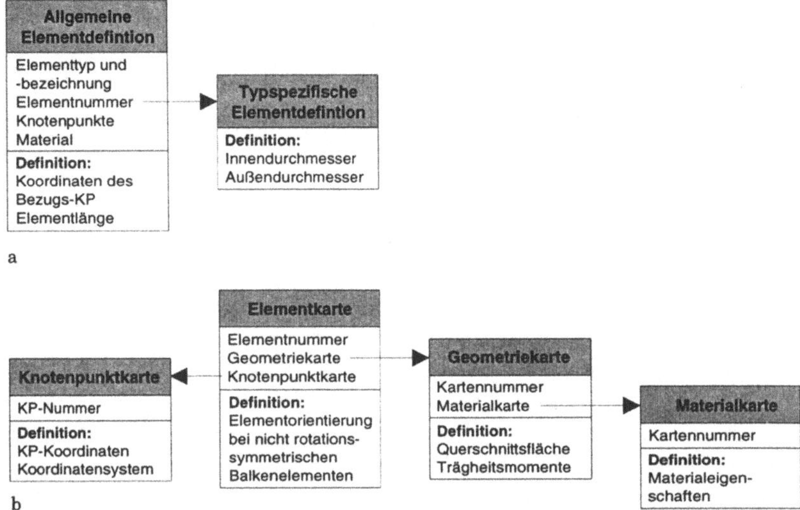

Bild 5.3. Elementdefinition für ein Balkenelement in a) *ASDY*, b) MSC/NASTRAN

Massen- und Federelemente

Massen- und reine Federelemente zur Modellierung von Lagern haben ebenfalls korrespondierende Elemente und können sehr einfach übersetzt werden. Auf einen Knotenpunkt konzentrierte Massen bzw. Starrkörper werden durch die Diagonalelemente einer 6×6-Matrix charakterisiert, d. h. durch die in allen drei translatorischen Koordinatenrichtungen gleiche Massenwirkung und die Massen-Trägheitsmomente um die drei Koordinatenachsen.

Federelemente, insbesondere Elemente zur Modellierung von Lagerstellen, besitzen im Fall eines als starr angenommenen Getriebegehäuses gemäß der Art ihrer Modellbildung keine Kopplungseigenschaften zwischen unterschiedlichen Koordinatenrichtungen. Ein Lager wird daher lediglich durch drei translatorische und zwei rotatorische Einzelfedern, d. h. durch Angabe der Axial-, zweier Radial- und zweier Kippsteifigkeiten dargestellt (Bild 5.4). Der Torsionsfreiheitsgrad ist der Natur des Bauelements entsprechend nicht gekoppelt.

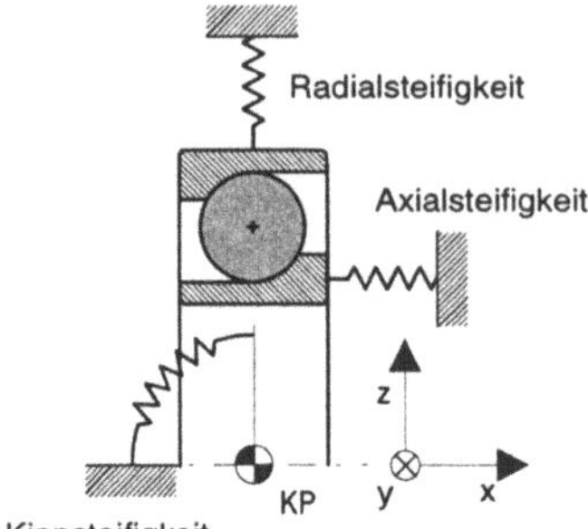

Bild 5.4. Federkopplungsarten und Modellierung eines einfachen Lagerelements

Nach der Berechnung der Axial-, Radial- und Kippsteifigkeiten aus den Lagerdaten können dementsprechend fünf Einzelfederelemente (NASTRAN-Typ CELAS) zwischen dem durch das Lager festgelegten Strukturknotenpunkt und einem im ersten Ansatz als inertial gefesselt angenommenen Hilfsknotenpunkt übergeben werden. Im weiteren bietet diese Modellierung die Möglichkeit der Strukturverbindung von Getriebe und Gehäuse.

Elemente zur Drehmomentübertragung

Die Übertragung eines Drehmoments durch Zahnradstufen, Riemenstufen oder Paßfederverbindungen wird durch eine vollbesetzte Steifigkeitsmatrix abgebildet, die $12 \times 12 = 144$ Kopplungen zweier Knotenpunkte beschreibt. Diese Elemente können folglich nicht durch reine Überlagerung linearer Federn dargestellt werden. Sie besitzen auch kein direkt entsprechendes Element in NASTRAN. Das NASTRAN-Element GENEL kann verwendet werden, um beliebige Steifigkeitsmatrizen für zwei Knotenpunkte zu definieren. Auch für diese Elemente müssen daher zunächst die einzelnen Elemente der Steifigkeitsmatrix berechnet und dann an das Programmsystem NASTRAN übergeben werden. Das die GENEL-Elemente in einer Darstellung des Strukturaufbaus keine anschauliche Interpretation mehr erlauben, stört hier nicht, da durch derartige Elemente zur Drehmomentübertragung nur Knotenpunkte gekoppelt werden, die zuvor durch eine entsprechend modellierte mechanische Struktur festgelegt wurden.

5.4 Vergleich der Berechnungsverfahren

Nachdem gezeigt wurde, daß die Berechnung der zuvor erzeugten Getriebe-FE-Modelle sehr einfach wahlweise mit dem speziellen Ein-Zweck-Programm *ASDY*-Solver oder der Standard-Software erfolgen kann, sollen beide Systeme hinsichtlich ihrer Berechnungseigenschaften verglichen werden. Dazu können folgende Kriterien herangezogen werden:

- Genauigkeit in Abhängigkeit von der Elementanzahl,
- Konvergenzverhalten,
- Genauigkeit der berechneten Eigenfrequenzen und Eigenvektoren,
- Rechenzeit, die zur Lösung benötigt wird.

Zur Beurteilung wurden verschiedene Modellrechnungen durchgeführt.

5.4.1 Berechnung einer Ein-Wellen-Teststruktur

Eine nicht abgesetzte Vollwelle wurde mit unterschiedlicher Genauigkeit von 4 bis 24 Elementen diskretisiert und berechnet. Da Wellenelemente, d.h. Vollwellen und Hohlwellen, die Grundelemente einer Struktur darstellen, kommt der Genauigkeit ihrer Berechnung besondere Bedeutung zu. Sie ist maßgeblich für die Lokalisierung von Schwachzonen einzelner Getriebewellen hinsichtlich Torsion und Biegung. Das Torsionsverhalten der gesamten Struktur wird dagegen in erster Linie durch die Übertragungselemente bestimmt. Bild 5.5 zeigt die Ergebnisse dieser Rechnungen, die auf einer Standard-Unix-Workstation durchgeführt wurden. Die analytische Rechnung erfolgte nach BLEVINS (1984).

Das speziell ausgelegte Programm ASDY erreicht schon bei geringem Modellaufwand eine deutlich bessere Genauigkeit bei der Berechnung der Eigenfrequenzen. Zudem benötigt die Standardsoftware offensichtlich auch bei derart kleinen Problemen bereits einen relativ hohen fixen Zeitanteil für interne Operationen, z. B. Laden der verschiedenen Programmteile, so daß die Rechenzeit um den Faktor 5 höher ist, aber weniger stark von der Anzahl der Strukturknotenpunkte ist. Die Berechnung der Nachgiebigkeiten liefert ähnliche Übereinstimmungen.

Eigenform	*ASDY*-Rechnung	NASTRAN-Rechnung	analytische Rechnung
1. Biegung	3752 Hz	3802 Hz	3984 Hz
1. Torsion	6655 Hz	6662 Hz	6781 Hz
2. Biegung	9674 Hz	9640 Hz	10982 Hz

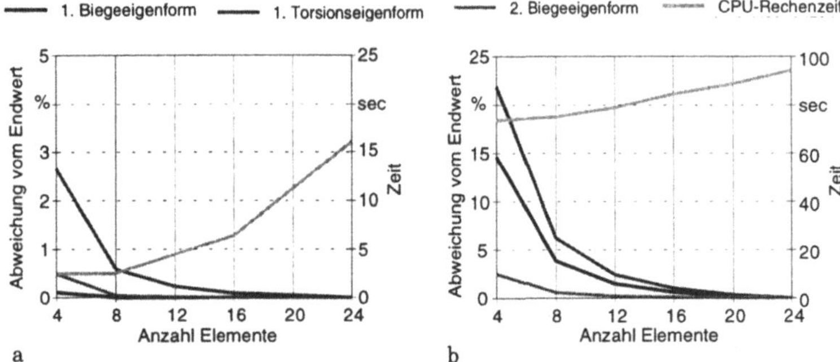

Bild 5.5. Vergleich der Rechenzeiten und -genauigkeiten für eine nicht abgesetzte Vollwelle, Berechnung mit a) *ASDY*, b) MSC/NASTRAN

Um einer bestimmte Genauigkeit zu erreichen, ist eine Mindestanzahl von Elementen erforderlich, die bei der NASTRAN-Testrechnung höher ist als bei *ASDY*. In der Praxis wird jedoch die erforderliche Anzahl von Elementen i. allg. durch die vorhandenen Geometrieelemete festgelegt und ist damit ohnehin bereits höher als die zur genauen Berechnung benötigte Anzahl. Lediglich bei langen, schlanken Bauelementen, z. B. Kugelrollspindeln in Vorschubantrieben oder Torsionsstäben im Vorspannzweig eines Getriebes ist die Einhaltung eines maximalen Durchmesser-Längenverhältnisses zu gewährleisten. Dies kann jedoch programmgesteuert ohne weitere Benutzereingabe geschehen.

5.4.2 Berechnung einer realen Welle

Bei der Modellierung realer Getriebewellen kommen zu den bisher betrachteten Wellen-Grundelementen weitere Elemente, beispielsweise zur Abbildung von Lagern hinzu. Außerdem bestimmt in diesem Fall die reale Wellengeometrie mit Absätzen, Zahnrädern, Lagerstellen o. ä. die Wahl der Elemente und damit die Berechnungsgenauigkeit. Daher wurden zur Überprüfung der Genauigkeit für reale Strukturen verschiedene Einzelwellen aus Werkzeugmaschinengetrieben berechnet.

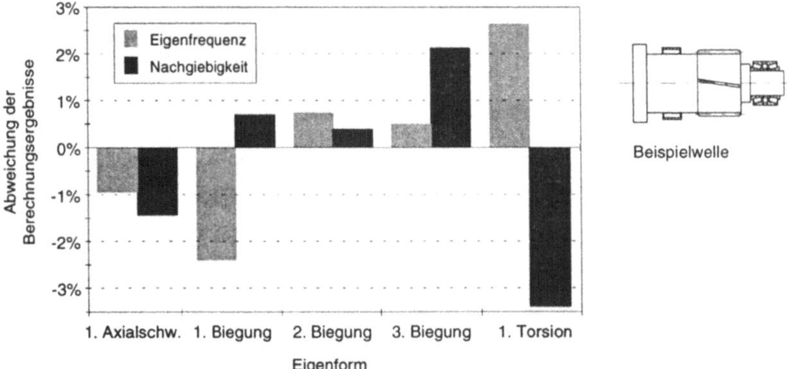

Bild 5.6. Rechengenauigkeiten für die Bestimmung der Eigenfrequenzen und Eigenvektoren einer Beispielwelle, Bezugswert: NASTRAN-Ergebnis

Ein Beispiel ist in Bild 5.6 dargestellt. Die Übereinstimmung der Ergebnisse des eigenen Programms und der Standardsoftware ist bei Betrachtung der Torsionen gut, bei Biegungen sogar sehr gut. Die Berechnungen mit NASTRAN zeigen i. allg. etwas zu niedrige Torsionsnachgiebigkeiten, was zu höheren Torsions-Eigenfrequenzen und geringeren Verformungen führt. Die Abweichung aufgrund der verschiedenen Rechenverfahren ist damit wesentlich geringer als die Abweichung zwischen Messung und Rechnung, die erfahrungsgemäß in der Größenordnung von bis zu 10 - 15% liegt [SUMMER 1986] [EUBERT 1992].

5.4.3 Berechnung eines realen Getriebes

Den größten Einfluß auf das dynamische Verhalten von Getrieben besitzen üblicherweise die Übersetzungsstufen. Daher wurden reale Getriebe mit verschiedenen Übersetzungselementen (Zahnrad- oder Riemenstufen) berechnet. Die Ergebnisse der Berechnungen für das in Bild 3.1 gezeigte Fünf-Wellen-Getriebe sind in Bild 5.7 dargestellt. Die Rechnungen zeigen eine gegenseitige maximale Abweichung von ca. 3%, die insbesondere im mittleren Frequenzbereich über 500 Hz liegt.

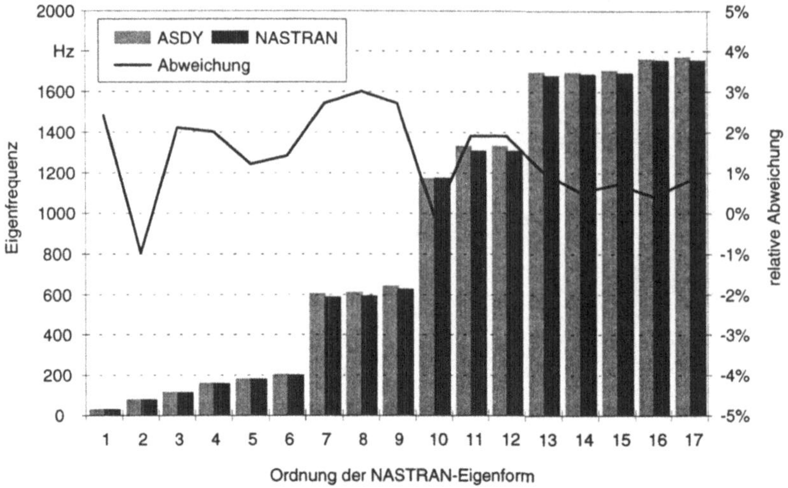

Bild 5.7. Vergleich der berechneten Eigenfrequenzen eines Beispielgetriebes

5.4.4 Vergleichende Beurteilung

Die dargestellten Lösungsverfahren liefern bei der Berechnung von Teststrukturen sehr gut übereinstimmende Resultate. Zusätzlich konnte gezeigt werden, daß die Übereinstimmung der Rechenergebnisse einer Teststruktur mit der analytisch bestimmten Lösung ebenfalls sehr gut ist, sofern ein Mindestmaß der Diskretisierung eingehalten wird. Dieser Diskretisierungsgrad wird üblicherweise bei der Modellierung von Getrieben anhand der verwendeten Konstruktionsbausteine stets erreicht. Untersuchungen von SUMMER (1986) und MAULHARDT (1991) unterstreichen die sehr gute Realitätsnähe der Berechnungen mit dem System *ASDY*. Beide Systeme sind daher in gleichem Maß für die Finite-Element-Berechnung der mit *ASDY*-CAD erzeugten Modelle geeignet. Für den Anwender bietet die Verwendung der Standard-Software den Vorteil, die Berechnung mit anderen FE-Berechnungen, z. B. der Gestelle verbinden zu können (vgl. Kapitel 7).

5.5 Einfluß der Dämpfung

Zur Lösung der bisher betrachteten Schwingungssysteme wurde stets von einem System ohne innere Dämpfung ausgegangen. Wie im folgenden gezeigt wird, stellt dies für die Bestimmung der Eigenfrequenzen und Eigenvektoren i. allg. eine zulässige Vereinfachung dar, wenn keine speziellen Dämpfungssysteme in der Struktur vorhanden sind. Darüber hinaus soll aber im folgenden erläutert werden, wie der Dämpfungseinfluß verschiedener Strukturelemente berücksichtigt werden kann. Dies kann vor allem aus zwei Gründen erforderlich sein:

- Der Dämpfungscharakter eines Strukturelementen ist nicht vernachlässigbar und soll bei der Modellbildung erfaßt und berechnet werden.
- Das Schwingungssystems soll für weitere rechnerische Untersuchungen vollständig durch seine modalen Parameter beschrieben werden. Dazu ist neben den bisher berechneten Eigenfrequenzen und -vektoren die Angabe eines Dämpfungsmaßes erforderlich.

5.5.1 Gedämpfte Schwingungssysteme

Allgemein werden in der Praxis der Strukturdynamik zwei wesentliche Dämpfungsansätze unterschieden: *viskose Dämpfung* und *Strukturdämpfung*. Der einfache Fall des viskosen, geschwindigkeitsabhängigen Dämpfers wurde bereits in (Gl. 2.10) angegeben, wobei alle Systemmatrizen reellwertig sind. Der Ansatz der Strukturdämpfung geht von einer frequenzabhängigen Werkstoffdämpfung aus, dies entspricht physikalisch einer stärkeren Dämpfung der niedrigeren Frequenzen und einer niedrigeren Dämpfung der höheren Frequenzen als beim viskosen Dämpfungsansatz. Dies führt auf

$$\boldsymbol{M} \cdot \ddot{\boldsymbol{v}} + \mathrm{j}\boldsymbol{H} \cdot \boldsymbol{v} + \boldsymbol{C} \cdot \boldsymbol{v} = \boldsymbol{F}(t) \tag{5.1}$$

mit einer imaginären Strukturdämpfungsmatrix $\mathrm{j}\boldsymbol{H}$.

Beide Ansätze sind dann auf einfache Weise zu lösen, wenn Proportionaldämpfung angenommen wird, d. h.

$$\boldsymbol{D} = \alpha \cdot \boldsymbol{M} + \beta \cdot \boldsymbol{C}, \text{ bzw. } \boldsymbol{H} = \alpha \cdot \boldsymbol{M} + \beta \cdot \boldsymbol{C} \tag{5.2}$$

In diesem Fall wird auch die Dämpfungsmatrix $\boldsymbol{D}$ bzw. $\boldsymbol{H}$ durch die Modalmatrix Φ diagonalisiert. Die Eigenvektoren des viskos oder strukturgedämpften Systems sind dann in jedem Fall identisch mit denen des konservativen Systems. Die Eigenwerte lauten bei viskoser Rechnung

$$\lambda'_{\mathrm{e}1,2} = -\delta_{\mathrm{e}} \pm \mathrm{j}\omega_{0\mathrm{e}}\sqrt{1-D_{\mathrm{e}}^2} \tag{5.3}$$

mit der Eigenkreisfrequenz $\omega_{0\mathrm{e}}$ des zugehörigen ungedämpften Systems, Abklingkoeffizient $\delta_{\mathrm{e}} = \dfrac{d_{\mathrm{e}}}{2m_{\mathrm{e}}}$, und Lehrscher Dämpfung $D_{\mathrm{e}} = \dfrac{d_{\mathrm{e}}}{2\sqrt{c_{\mathrm{e}}m_{\mathrm{e}}}}$.

Bei Strukturdämpfung ergeben sich die Eigenwerte zu

$$\lambda''_{\mathrm{e}1,2} = \pm\omega_{0\mathrm{e}}\sqrt{1+\mathrm{j}\eta_{\mathrm{e}}} \tag{5.4}$$

mit dem Dämpfungsverlustfaktor $\eta_{\mathrm{e}} = \dfrac{h_{\mathrm{e}}}{2c_{\mathrm{e}}}$.

Bei den üblichen niedrigen Dämpfungswerten mechanischer Strukturen im Getriebebau mit $\eta_{\mathrm{e}} << 1$ können die Lehrsche Dämpfung D_{e} und Dämpfungsverlustfaktor η_{e} einander gleich gesetzt werden.

In jedem Fall führt die Annahme einer proportionalen Dämpfung zu folgenden Ergebnissen:

- Die Eigenvektoren des Systems bleiben reell, d. h. zwischen den Bewegungen der einzelnen Strukturpunkte, die einer Eigenform entsprechen, besteht keine Phasendifferenz.
- Zu jeder Eigenfrequenz läßt sich ein Dämpfungsmaß finden, das für alle Strukturpunkte identisch und damit für die entsprechende Schwingungsform charakteristisch ist.
- Die Systemverhältnisfrequenzgänge, z. B. der Nachgiebigkeitsfrequenzgang, lassen sich aus einem Standardfrequenzgang, der die Parameter *Eigenfrequenz* und *Dämpfung* enthält, und einer knotenpunktabhängigen Standardfunktion berechnen.

Im Fall einer beliebigen Dämpfungsmatrix ergeben sich für die beiden beschriebenen Ansätze komplexe Eigenvektoren, bei denen Phasenverschiebungen zwischen den Bewegungen der einzelnen Strukturpunkte auftreten. Die Systemverhältnisfrequenzgänge lassen sich in ähnlicher Weise wie bei reellen Eigenvektoren berechnen [KIRCHKNOPF 1989].

Entsprechend den beschriebenen Ansätzen zur Berechnung gedämpfter Schwingungssysteme, lassen sich verschiedene Wege zur Berücksichtigung der Dämpfungseigenschaften finden. Die Dämpfung kann zum einen auf der Systemebene oder auf der Elementebene berücksichtigt werden. Dies bedeutet, daß Dämpfung entweder als globale Eigenschaft des Systems abgeschätzt oder als explizite Eigenschaft einzelner Elemente angegeben werden muß. Die Dämpfung kann entweder nur in der modalen Beschreibung angeführt oder aber als physikalischer Parameter spezifiziert und ggf. bei der Eigenwertberechnung berücksichtigt werden. Tabelle 5.2 zeigt eine Zusammenstellung der Möglichkeiten zur Berücksichtigung der Dämpfung, die in den beiden folgenden Abschnitten beschrieben werden.

Systemebene	
Modale Beschreibung	
Dämpfungsmaß als modaler Parameter	Globales Dämpfungsmaß *D*, geschätzt für alle Eigenformen
	Dämpfungsmaß D_e, geschätzt für jede Eigenform
Physikalische Beschreibung	
Dämpfung als zusätzliche Systemeigenschaft vorhandener Elemente	Proportionaldämpfung $\boldsymbol{D} = \alpha \cdot \boldsymbol{M} + \beta \cdot \boldsymbol{C}$
Elementebene	
Physikalische Beschreibung	
Dämpfung als zusätzliche Systemeigenschaft vorhandener Elemente	Materialdämpfung $\boldsymbol{d} = \alpha \cdot \boldsymbol{m} + \beta \cdot \boldsymbol{c}$
	Physikalische Parameter $\boldsymbol{m}, \boldsymbol{c}, \boldsymbol{d}$
Diskretes Dämpfungs element	Physikalische Parameter $\boldsymbol{d}$

Tabelle 5.2. Möglichkeiten der Berücksichtigung innerer Dämpfung bei der FE-Berechnung

5.5.2 Dämpfung auf Systemebene

Einzelne Wellen von Werkzeugmaschinengetrieben sind in der Regel aus Elementen mit gleichen oder ähnlichen mechanischen Eigenschaften und geringer Dämpfung aufgebaut. Der Dämpfungseinfluß kann daher in guter Näherung auf der Ebene der Systemmatrizen abgeschätzt werden. Eine grobe Vereinfachung stellt die globale Abschätzung *einen* Lehrschen Dämpfung für alle Eigenschwingungsformen dar. Diese Näherung muß dann verwendet werden, wenn keine exakten Informationen zum Dämpfungsverhalten vorhanden sind und lediglich einige wenige Systemverhältnisfrequenzgänge für weitergehende Berechnungen abgeschätzt werden sollen [MAULHARDT 1991]. Sie entspricht im Prinzip keinem der dargestellten Dämpfungsansätze, da der Sonderfall $D_e = \text{const.}$ bei Proportionaldämpfung und beliebigem Aufbau der Systemmatrizen nicht erreichbar ist.

Die Ansätze zur Abschätzung der Lehrschen Dämpfungen D_e der berechneten Eigenschwingungsformen und zur Ermittlung einer Proportionaldämpfungsmatrix sind im Vorgehen äquivalent. Da der Proportionalitätsansatz (Gl. 5.2) durch die Modaltransformation auch auf die modalen Massen-, Steifigkeits- und Dämpfungsmatrizen übertragen werden kann, ergeben sich die Lehrsche Dämpfung D_e und der Strukturdämpfungsverlustfaktor η_e aufgrund ihrer Definition zu

$$D_e = \frac{\alpha}{2\omega_e} + \frac{\beta\omega_e}{2}, \text{ bzw. } \eta_e = \frac{\alpha}{2\omega_e^2} + \beta. \tag{5.5}$$

Die Berechnung der Nachgiebigkeitsfrequenzgänge des gedämpften Systems kann damit auch bei Annahme der Koeffizienten α, β ohne explizite Aufstellung der Dämpfungsmatrix und entsprechende Berücksichtigung bei der Lösung des Eigenwertproblems erfolgen. Insbesondere ist es nicht erforderlich, die vollständige Modalmatrix zu berechnen. Die Dämpfungen der ermittelten Schwingungsformen lassen sich vielmehr anhand der Ergebnisse des konservativen Systems bestimmen und können dann wie geschätzte Dämpfungsmaße für weitere Berechnungen verwendet werden.

Die Bestimmung der Proportionalitätsfaktoren aufgrund von meßtechnisch gewonnenen Erfahrungswerten α, β ist mit verhältnismäßig großer

Unsicherheit verbunden, für eine grobe Abschätzung aber häufig ausreichend. Ein wesentlicher Nachteil der Methode der Proportionaldämpfung auf Systemebene ist jedoch die fehlende Unterscheidungsmöglichkeit bei Elementen mit sehr unterschiedlichem Dämpfungsverhalten innerhalb einer Struktur. Wellenelemente oder Riemenstufen beispielsweise zeichnen sich durch stark gegensätzliche Dämpfungseigenschaften aus. Hoher Steifigkeit und geringer Dämpfung bei Wellenelementen stehen geringe Steifigkeit und hohe Dämpfung bei Riemenstufen gegenüber. Damit erscheint ein steifigkeitsproportionaler Ansatz auf Elementebene eher geeignet, dieses Verhalten korrekt abzubilden.

5.5.3 Dämpfung auf Elementebene

Auf Elementebene können zwei Ansätze unterschieden werden:

1. *Materialdämpfung*

   Für die übliche im Maschinenbau verwendeten Materialien sind entsprechende Angaben zur Beschreibung der Dämpfungseigenschaften gemäß der Proportionaldämpfung vorhanden. Die Dämpfungsmatrizen werden dann analog zu den Steifigkeitsmatrizen erstellt.

2. *Diskrete Dämpfungselemente*

   Dämpfungselemente können genauso wie Elemente eingeführt werden, die lediglich Massen- oder Steifigkeitswirkung besitzen. Auch bei diesem Ansatz ist die Bestimmung des richtigen Dämpfungswertes die Hauptschwierigkeit bei der Modellierung. Der Benutzer hat hier im Gegensatz zum zuvor beschriebenen Verfahren die Möglichkeit, den interessierenden Parameter direkt zu beeinflussen und die Auswirkungen auf die Berechnungsergebnisse zu erkennen. Der Anwender hat so die Möglichkeit, Elemente mit starker Dämpfung einzufügen und die Parameter beispielsweise durch den Vergleich mit Ergebnissen einer experimentellen Modalanalyse zu bestimmen.

Beide Lösungen sind anwendbar, wenn Materialien bzw. Konstruktionsbausteine mit hinreichend bekanntem Dämpfungsverhalten verwendet werden. Dies ist im allgemeinen für die Wellen-Grundstruktur eines Getriebes erfüllt, bereitet aber für die Koppelstellen Schwierigkeiten. Die Dämpfungsparameter der Übersetzungsstufen oder Paßfederverbindungen sind i. allg. unbekannt, daher eignet sich insbesondere der zweite Ansatz zur Modellierung von tatsächlichen mechanischen Dämpfungselementen.

5.5.4 Bewertung und Anwendung der Dämpfungsansätze

Die Bestimmung der Dämpfungswirkung beliebiger mechanischer Bauteile stellt unverändert ein entscheidendes Problem bei der Berechnung des dynamischen Verhaltens mechanischer Strukturen dar, vgl. [KÜCÜKAY 1981], [SUMMER 1986]. Ansätze zur Berechnung sind vorhanden, allerdings steht dem damit verbundenen Aufwand kein entsprechender Erfolg bei der Steigerung der Rechengenauigkeit gegenüber. Verfahren zur Modellierung der Dämpfung auf Elementebene sollten deshalb nur dann verwendet werden, wenn ausdrückliche Dämpfungselemente mit hinreichend genau bekannten Eigenschaften in der Struktur vorhanden sind. In anderen Fällen bringt die Abschätzung von Proportionaldämpfungsfaktoren i. allg. Resultate, die für den Vergleich verschiedener konstruktiver Lösungen ausreichend sind.

In Folge der besonderen konstruktiven Gegebenheiten bei Getrieben ergeben sich jedoch bei der praktischen Anwendung dieses Dämpfungsansatzes mit Schätzwerten zwei Probleme:

1. Der Mechanismus der Dämpfung in Fügestellen beruht auf einer Bewegung der Komponenten normal zur Fügefläche. Dies hat zur Folge, daß grundsätzlich nur bestimmte Bewegungsanteile dämpfungswirksam sind. Bei Getrieben werden die Fügestellen hauptsächlich durch die Übersetzungsstufen gebildet und liegen üblicherweise in einer Hauptrichtung. Die Gesamtdämpfung einer Eigenschwingung wird daher von der Verteilung der Bewegungsanteile, d. h. von der Art der Verformungen - axial, radial oder in Torsionsrichtung - abhängen.

2. Die Eigenschwingungsformen lassen sich häufig klar erkennbaren Strukturelementen eines Getriebes zuordnen, die unterschiedliche Dämpfungseigenschaften haben. Die erste Torsionseigenform zeichnet sich beispielsweise zumeist durch einen Schwingungsknoten in der nachgiebigen Riemenstufe zwischen Antriebsmotor und Getriebe aus. Gegenüber einer Schwingungsform aufgrund der Nachgiebigkeit

einer Zahnradstufe wird diese Eigenform eine wesentlich höhere Dämpfung aufweisen.

Damit wird deutlich, daß eine hinreichend genaue Abschätzung der Dämpfung auf Getriebeebene bereits eine eingehende Analyse der Schwingungsformen erfordert, die im folgenden Kapitel erläutert wird.

6 Ergebnisdarstellung und Schwachstellenanalyse

6.1 Allgemeine Vorgehensweise

Ergebnis der FEM-Berechnungen mechanischer Strukturen ist die modale Beschreibung des Systems: ein Satz von Eigenfrequenzen $\{\omega_1, \omega_2, \ldots, \omega_n\}$ und zugehörigen Eigenvektoren $\{\Phi_1, \Phi_2, \ldots, \Phi_n\}$ in drei translatorischen und drei rotatorischen Freiheitsgraden. Die zur vollständigen modalen Beschreibung gehörige Dämpfung, die beispielsweise zur Berechnung von Nachgiebigkeits-Frequenzgängen erforderlich ist, wird - wie im vorherigen Abschnitt beschrieben - als Dämpfungsgrad D_e aus geschätzten Proportionalitätsfaktoren α, β berechnet. Bei der Auswertung der Ergebnisse bestehen im wesentlichen zwei Aufgabenstellungen:

- *Beurteilung* der untersuchten Struktur hinsichtlich verschiedener zuvor festgelegter Kriterien, und - falls erforderlich -
- *Schwachstellenanalyse* des Systems zur Ableitung konstruktiver Verbesserungen.

Zur optimalen Beurteilung der Ergebnisse und zur Ableitung konstruktiver Änderungen sind die zunächst wenig anschaulichen FEM-Daten geeignet aufzubereiten und zu verdichten. Dabei ist es wichtig, Kriterien bzw. Auswertungsmöglichkeiten zu finden, die eine praxisrelevante Bewertung erlauben.

Bei der Schwachstellenanalyse ist in erster Linie der Einfluß der konstruktiv variablen Parametern auf das dynamische Verhalten der Struktur von Interesse, um konkrete Hinweise auf wirkungsvolle Verbesserungsmaßnahmen geben zu können.

6.1.1 Verformungsarten der Getriebe und Wellen

Bei der Betrachtung des dynamischen Verformungsverhaltens mechanischer Strukturen lassen sich unterschiedliche Arten der Verformung bestimmen, die durch einen oder mehrere Freiheitsgrade charakterisiert werden, in denen die Bewegung erfolgt. Im Falle der hier betrachteten Getriebewellen existieren drei prinzipielle Schwingungsarten, die aus den errechneten Verlagerungen der Strukturknotenpunkte in den Richtungen der sechs Freiheitsgrade bestimmt werden (Bild 6.1):

1. Axiale Verlagerung der Knotenpunkte (x-Richtung),
2. Biegung um die y- und z-Achse (geometrische Addition der Verlagerungen in y- und z-Richtung unter Berücksichtigung der Kippfreiheitsgrade ψ und ξ als Steigungswinkel der Verformungslinie in den Knotenpunkten),
3. Wellentorsion (φ-Richtung).

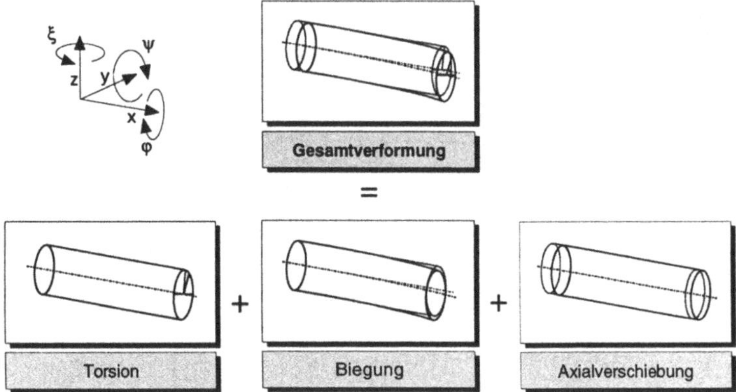

Bild 6.1. Verformungsanteile einer Getriebewelle

Die diesen Schwingungsarten zuzuordnenden Eigenformen treten nur in der Berechnung einzelner Wellen in reiner Form in Erscheinung. Aufgrund der gegenseitigen Kopplung aller Freiheitsgrade in den Zahnradstufen resultiert praktisch aus allen Verformungsarten der Einzelwellen eine Torsionsverformung des Gesamtgetriebes. Eine ausgeprägte Biegeschwingung einer Einzelwelle beispielsweise führt an einer

Stirnradstufe sowohl zu axialer Verschiebung als auch zu einer Torsionsverformung an der benachbarten Welle. Aus diesem Grund ist es erforderlich, alle Verformungsanteile der Einzelwellen zu analysieren und ihren Anteil an der Gesamtverformung zu ermitteln.

6.1.2 Zuordnung physikalischer und konstruktiver Parameter

Die physikalischen Systemparameter Masse, Steifigkeit und Dämpfung werden von den konstruktiven Entwurfsvariablen - Durchmesser, Längen, Lagerauswahl etc. - in komplexer Weise festgelegt. Diese bestimmen wiederum das Schwingungsverhalten eines Systems, wie es in Bild 6.2 für ein einläufiges System qualitativ dargestellt ist.

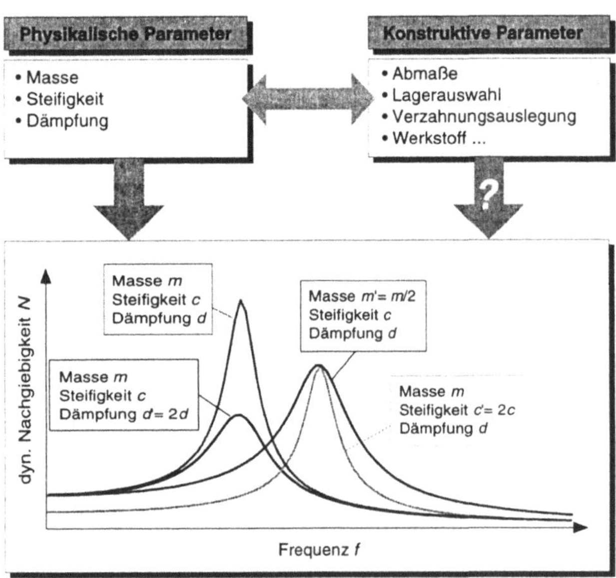

Bild 6.2. Dynamische Nachgiebigkeit bei Variation der Systemparameter

Zur gezielten Beeinflussung des Schwingungssystems können in der Praxis lediglich die Größen *Masse* und *Steifigkeit* verändert werden, da abgesehen von speziell konstruierten Hilfsmassendämpfern oder Squeeze-Film-Dämpfern, i. allg. keine Maschinenelemente mit ausgeprägten bzw. hinreichend genau definierten Dämpfungseigenschaften bekannt sind und die Gesamt-Systemdämpfung im wesentlichen durch die Fügestellen der Struktur bestimmt wird. In geringem Maß ist eine Beeinflussung der Systemdämpfung durch die Werkstoffauswahl möglich, die jedoch zumeist durch andere Anforderungen, wie z. B. Festigkeit, festgelegt wird.

Da die Eigenfrequenz in erster Näherung durch $\omega_e = \sqrt{c/m}$ gegeben ist, kann eine Erhöhung der Eigenfrequenz bei gleichzeitiger Verringerung der Resonanzamplitude sowohl durch Massenreduktion als auch durch Steifigkeitserhöhung erreicht werden. Da die Forderungen nach Massenreduktion und gleichzeitiger Steifigkeitserhöhung i. allg. unvereinbar sind, ist ein Eingriff des Konstrukteurs in die Dynamik des Systems nur dadurch möglich, daß gezielt an unterschiedlichen Stellen Massen bzw. Steifigkeiten geändert werden. Eine Verringerung der Massen ist in erster Linie dort sinnvoll, wo hohe Absolutwerte der Verformung erreicht werden. Demgegenüber ist eine Steifigkeitserhöhung dort anzustreben, wo zwischen zwei Stellen hohe Relativnachgiebigkeiten vorliegen. Grundsätzlich müssen Methoden zur Schwachstellenanalyse dem Konstrukteur daher Hinweise darauf geben, an welchen Stellen eine Reduzierung der Masse und an welchen eine Erhöhung der Steifigkeit die gewünschte Verbesserung bewirkt.

6.1.3 Schrittweise Ergebnisauswertung

Die Beurteilung bzw. Schwachstellenanalyse eines Entwurfs wird sinnvollerweise in mehreren Schritten auf unterschiedlich detaillierten Betrachtungsebenen durchgeführt (Bild 6.3). Im ersten Ansatz wird das Gesamt-Übertragungsverhalten des Getriebes anhand der dynamischen Torsionsnachgiebigkeit an der Ausgangswelle beurteilt. Üblicherweise liegen aus der Erfahrung Daten über die Steifigkeiten vergleichbarer Getriebe vor, die eine Einordnung des Entwurfs in den Stand der Technik erlauben. Zusätzlich kann das Ergebnis mit den maximal zulässigen Schwingungsamplituden verglichen werden, die aus den Anforderungen des Pflichtenhefts abgeleitet werden können. Als Ergebnis liegt somit eine Bewertung des Entwurfs hinsichtlich der Erfüllung der Konstruktionsziele vor.

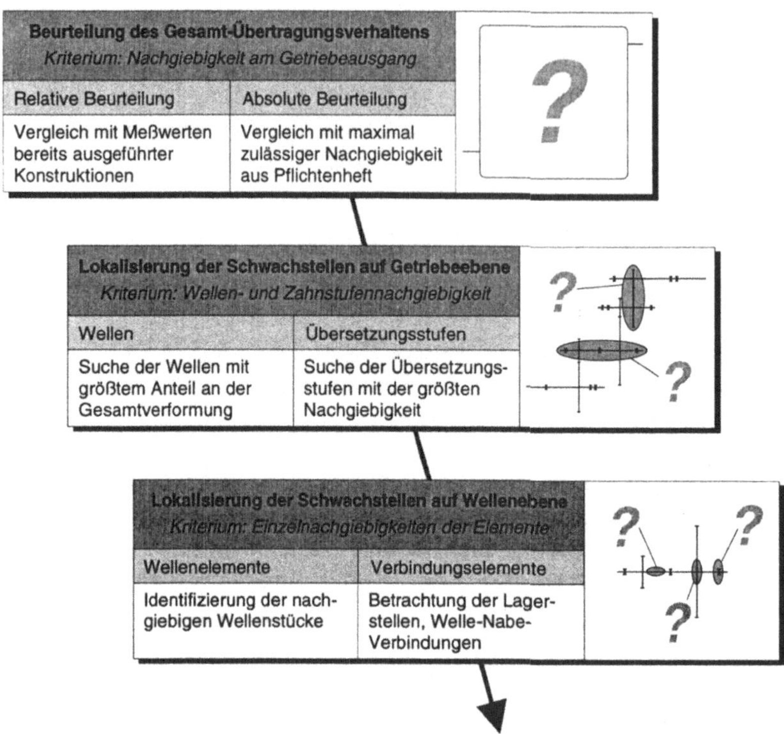

Bild 6.3. Schrittweises Vorgehen zur Identifikation der Getriebe-Schwachstellen

Wenn die erste Bewertung ergibt, daß die Anforderungen des Pflichtenhefts nicht erreicht wurden, muß eine Schwachstellenanalyse zur Ableitung konstruktiver Verbesserungsmaßnahmen erfolgen. Dazu wird im nächsten Schritt die innere Struktur des Getriebes betrachtet und das Nachgiebigkeitsverhalten der Übersetzungsstufen, bzw. das der einzelnen Getriebewellen betrachtet. Ein wichtiges Kriterium zur Lokalisierung der Schwachstellen ist an dieser Stelle der Einfluß der verschiedenen Verformungsarten an einer Zahnradstufe auf das Torsionsverhalten am Getriebeausgang. Auf diese Weise kann festgestellt werden, welche Welle bzw. welche Übersetzungsstufe maßgeblich für das unzureichende dynamische Verhalten der Struktur verantwortlich ist.

Die detaillierteste Betrachtung stellt die Analyse einer einzelnen Getriebewelle und die Identifikation der Elemente dar, die die unzulässige Nachgiebigkeit bewirken. Hier ist eine nach den verschiedenen Verformungsarten getrennte Darstellung nach axialer Verlagerung, Biegung und Torsion erforderlich, um zu erkennen, wodurch die Verformungen an einer Übersetzungsstufe verursacht werden. Diesem Vorgehen liegt in der Regel eine Berechnung des Gesamtgetriebes zugrunde. Lediglich in speziellen Ausnahmefällen, z. B. bei der Untersuchung einzelner Spindeln oder bei dominanter Beeinflussung einer Gesamtschwingungsform durch die Biegung einer Einzelwelle, werden auch einzelne Wellen isoliert berechnet.

Das schrittweise Vorgehen zur Auswertung bzw. Darstellung und Schwachstellenanalyse wird im folgenden an verschiedenen Beispielen erläutert. Den Beispielen liegt die in Bild 6.4 dargestellte Werkzeugmaschinengetriebestruktur zu Grunde.

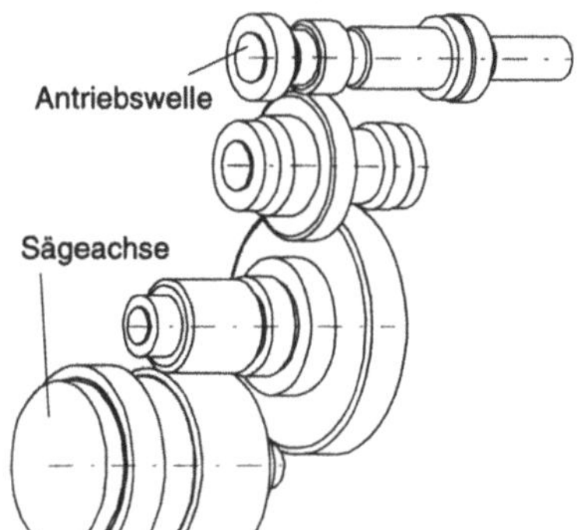

Bild 6.4. 4-Wellen-Beispielgetriebe für Darstellung und Auswertung

6.2 Gesamtübertragungsverhaltens des Getriebes

In Kapitel 2 wurde bereits erläutert, daß die Kenn-Nachgiebigkeits-Wurzeln des berechneten System zur Beurteilung der Absolut-Nachgiebigkeit an einem beliebigen Strukturknotenpunkt geeignet sind. Da bei Werkzeugmaschinen stets die Verformung an der Zerspanstelle das ausschlaggebende Kriterium darstellt, können die Ergebnisse am Getriebeausgang (Sägeachse in Bild 6.4), und hier wiederum in erster Linie das

Torsionsverhalten, zur Bewertung herangezogen werden. Bei den betrachteten Kreissägegetrieben ist dieser Wert maßgebend für das Zerspanverhalten der Werkzeugmaschine.

Die berechneten Eigenfrequenzen und zugehörigen Kenn-Nachgiebigkeits-Wurzeln können zunächst nur in der in Bild 6.5 gezeigten Form dargestellt werden, da lediglich das konservative System ohne Berücksichtigung der Dämpfung berechnet wurde. Diese Darstellung der Ergebnisse ist abstrakt, weil die Kenn-Nachgiebigkeits-Wurzeln nicht anschaulich, z. B. als Bewegungsgrößen, interpretierbar sind. Auf der anderen Seite sind sie aber gerade zum Vergleich mit meßtechnisch gewonnenen Daten bestehender Strukturen sehr gut geeignet.

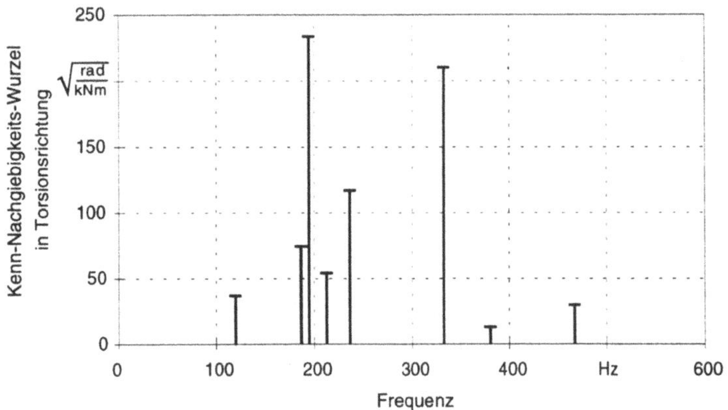

Bild 6.5. Berechnete Eigenfrequenzen und Kenn-Nachgiebigkeits-Wurzeln am Getriebeausgang des Beispielgetriebes

Zur Angabe der konkreten, frequenzabhängigen Maschinennachgiebigkeiten oder Verformungsamplituden ist die Berechnung des vollständigen Nachgiebigkeits-Frequenzgangs an der Zerspanstelle erforderlich. Die Problematik der dazu notwendigen Bestimmung von Dämpfungskennwerten wurde bereits in Kapitel 5 erläutert. An dieser Stelle soll daher in Anwendung von (Gl. 5.5) der Dämpfungsgrad D_e abgeschätzt werden. Bei Annahme von Proportionaldämpfung mit Koeffizienten, wie z. B. von EUBERT (1992) angegeben werden, ergeben sich mit den in Bild 6.5 gezeigten Ergebnisdaten eigenfrequenzabhängige Dämpfungsgrade im Bereich von D_e = 0,02 - 0,04. Diese Werte liegen im Bereich der meßtechnisch bestimmten Werte für verschiedene Getriebe [MAULHARDT 1990], [ZÄH 1994] und können als gute Näherung betrachtet werden. Damit ergibt sich der in Bild 6.6 dargestellte Amplituden-Frequenzgang der Nachgiebigkeit an der Abtriebswelle des Beispielgetriebes.

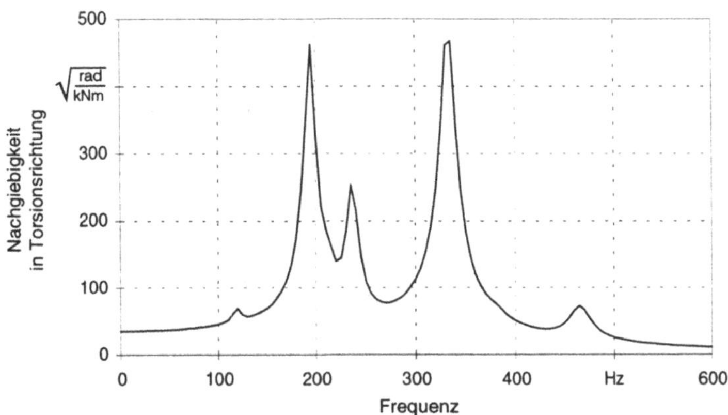

Bild 6.6. Amplituden-Frequenzgang der Torsionsnachgiebigkeit des Beispielgetriebes, Dämpfungsgrad geschätzt

Zur Bewertung der auf der Grundlage geschätzter Dämpfungsparameter berechneten Maschinennachgiebigkeiten sei nochmals auf die vorhandene Unsicherheit der verwendeten Kennwerte hingewiesen. Die frequenzabhängige Nachgiebigkeit ist umgekehrt proportional zum Dämpfungsgrad. Eine Ungenauigkeit von 50% bei $D_e = 0,02$ bzw. $D_e = 0,03$ wirkt sich damit direkt auf die berechneten Nachgiebigkeiten aus. Es ist daher wichtig, die Eignung dieser Ergebnisse zur Beurteilung von Getriebeentwürfen richtig einzuschätzen.

Neben der Absolutbewertung eines Konstruktionsentwurfs an einem vorgegebenem Kriterium, z. B. der maximalen Verformungsamplitude, ist vor allem der Vergleich verschiedener konstruktiver Ausführungen eine häufige Anwendung (Bild 6.7). Bei dieser Aufgabenstellung ist eine hohe Absolutgenauigkeit der Berechnung zwar wünschenswert, aber nicht zwingend erforderlich.

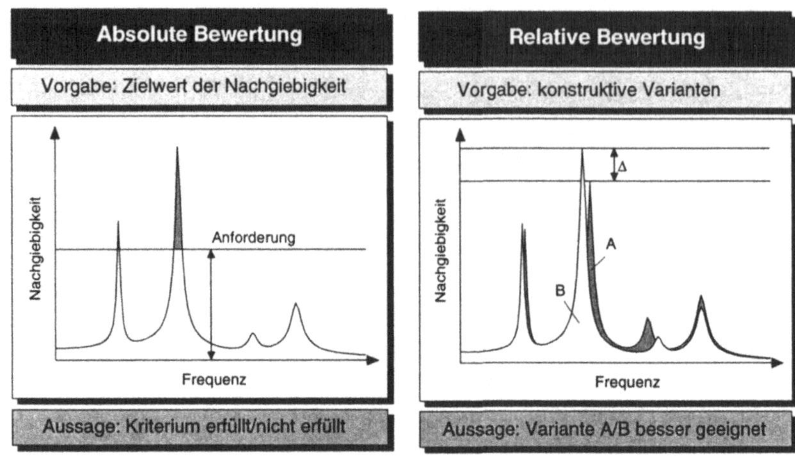

Bild 6.7. Absolute und relative Bewertung konstruktiver Varianten

Wenn sich die Entwürfe hinsichtlich des Aufbaus nicht grundsätzlich unterscheiden, wird die Berechnung des konservativen Systems und anschließende Abschätzung der Dämpfung zuverlässige Aussagen über die Eignung der Varianten im direkten Vergleich miteinander liefern. Über den weiteren Vergleich mit den Berechnungen ähnlicher, bereits bestehender Konstruktionen, die in den meisten Fällen vorliegen werden, ist in gewissen Grenzen auch ein Rückschluß auf das Absolutverhalten der untersuchten Strukturen möglich.

Zur vollständigen Bewertung der Berechnungen müssen die ermittelten Eigenschwingungsformen klassifiziert werden. Dazu sind die Verformungen innerhalb des Getriebes näher zu untersuchen.

6.3 Schwachstellenanalyse auf Getriebeebene

Ist das Ergebnis der Konzeptbeurteilung negativ, ergibt sich die Notwendigkeit, die dynamischen Schwächen der untersuchten Struktur genauer einzugrenzen und Verbesserungen abzuleiten. Diese Aufgabenstellung kann sich häufig auch unabhängig von der Bewertung neuer Maschinenentwürfe ergeben, wenn die Rechnungen dazu verwendet werden, Störfälle an realen Maschinen zu untersuchen, Schwachstellen zu finden und ggf. die Auswirkungen konstruktiver Änderungen zu betrachten.

Dazu werden die vorhandenen Getriebewellen komplett, d. h. unter Einbeziehung aller Kopplungen durch die Übersetzungsstufen berechnet. Auch dabei wird zunächst ausschließlich das Torsionsverhalten betrachtet. Eine anschauliche Darstellung der komplexen translatorischen Bewegungen des gesamten Getriebezuges ist nicht möglich, bringt aber auch keine wesentliche und verwertbare Information. Als günstig hat es sich demgegenüber erwiesen, den Verlauf des Torsionswinkels der Wellenquerschnitte entlang des Kraftflusses vom Antriebsmotor bzw. Getriebeeingang bis zum -ausgang, d. h. i. allg. bis zum Werkzeug, aufzuzeigen. Durch den Vergleich mit der Massen- und Steifigkeitsverteilung der Struktur können dann grobe Hinweise auf sinnvolle Massenreduzierung und/oder Steifigkeitserhöhung auf Wellenebene abgeleitet werden. An den Übersetzungstufen lassen sich die Anteile der einzelnen Verformungsarten einer Welle (Biegung, Axialverschiebung, Kippung) an der Torsion bestimmen, so daß Hinweise auf den Einfluß einzelner Wellen auf das dynamische Verhalten des gesamten Getriebes abgeleitet werden können.

Als mögliche konstruktive Schlußfolgerungen aus der Schwachstellenanalyse auf Getriebeebene kommen folgende Maßnahmen in Betracht:

- Anpassung der Steifigkeiten von Lagerungen und Welle-Nabe-Verbindungen,
- Verbesserung des Torsionsverhaltens der Übersetzungsstufen,
- Verkürzung der Torsionslängen bzw. Erhöhung des Torsionswiderstands von Wellen,
- Reduzierung bzw. Anpassung der Bauteilmassen.

6.3.1 Absolute und drehzahlreduzierte Torsionsdarstellung

Die Darstellung der Torsionsverformung im Torsionsdiagramm liefert unmittelbar anschauliche Ergebnisse, da die Verdrillung, d. h. die Änderung des Torsionswinkels über der Elementlänge, steifigkeitsproportional ist gemäß

$$M_\varphi = GI_P \frac{\delta\varphi}{\delta x}. \tag{6.1}$$

Der Verlauf des absoluten Torsionswinkels der Wellenquerschnitte ergibt sich direkt aus der Darstellung der Torsions-Kenn-Nachgiebigkeits-Wurzeln, d. h. der nachgiebigkeitsnormierten Eigenvektorkomponenten, entlang der im Kraftfluß liegenden Knotenpunkte des Getriebes.

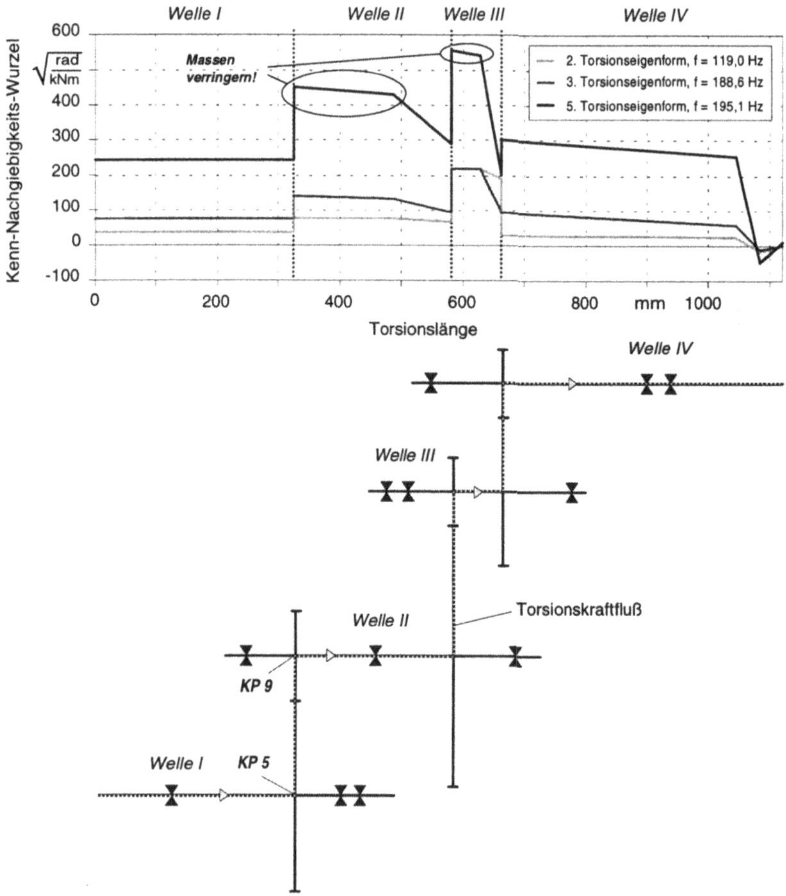

Bild 6.8. Absolut-Torsionsdiagramm und Getriebeschema des Beispielgetriebes

Diese sind proportional zu Verformungen, die durch sinusförmige Erregerkräfte angeregt werden, und geben damit ein anschaulich zu interpretierendes Bild des dynamischen Verformungszustands der Struktur. Für das einfache, unverzweigte Beispielgetriebe ist dies in Bild 6.8 gezeigt. Das Diagramm liefert unmittelbare Information über die Absolutbeträge der Verformungsamplituden bei den aufgeführten Eigenformen Nr. 2, 3 und 5.

Nach SUMMER (1986) ist diese Darstellung jedoch nicht dazu geeignet, den Einfluß der Relativnachgiebigkeiten zwischen einzelnen Knotenpunkten auf die Gesamtverformung korrekt wiederzugeben. Aufgrund der rein kinematischen Kopplung des Torsionsfreiheitsgrades in den Übersetzungsstufen werden die Torsionsnachgiebigkeiten um den Faktor der Übersetzung verfälscht abgebildet. Durch die Multiplikation der berechneten Nachgiebigkeiten mit dem Übersetzungsverhältnis gegenüber einer Bezugswelle, hier der Abtriebswelle, wird die Vergleichbarkeit aller Verformungsanteile erreicht. Bild 6.9 zeigt das entsprechend berechnete Diagramm zum Beispielgetriebe aus Bild 6.8.

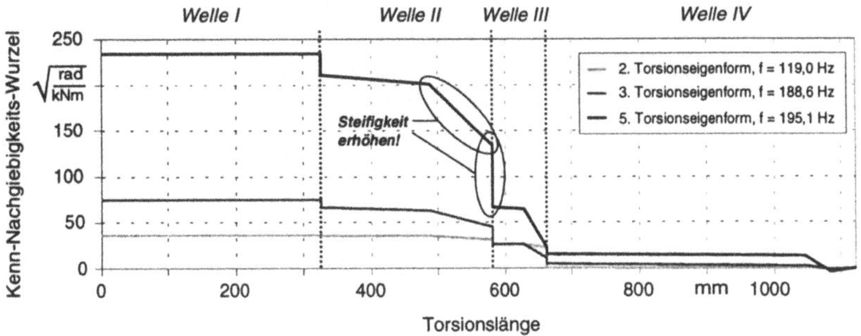

Bild 6.9. Übersetzungsreduziertes Torsionsdiagramm des Beispielgetriebes

Das Beispiel aus Bild 6.8 bzw. 6.9 macht deutlich, daß eine Massenreduzierung an Welle III, eine Steifigkeitserhöhung demgegenüber hauptsächlich an Welle II anzustreben ist.

Zur gezielten Abstimmung und Anpassung von Massen- und Steifigkeitsverteilung sind jedoch beide Auswertungen erforderlich. Die grundsätzliche Optimierungsregel "Massenreduktion an Stellen hoher Absolutverformung - Steifigkeitserhöhung zwischen Stellen hoher Relativnachgiebigkeit" ist nur bei gleichzeitiger Betrachtung von absoluter und reduzierter Darstellung anwendbar.

6.3.2 Massen- und Nachgiebigkeitsmodell

Das in Bild 6.8 dargestellte Diagramm hat gezeigt, welche Wellenbereiche eine besonders große Bewegungsamplitude aufweisen. Unklar bleibt in dieser Grafik jedoch, ob dort überhaupt ein Potential existiert, d. h. ob große - und damit reduzierbare - Massen vorhanden sind. Analoges gilt für die Analyse der Stellen großer Nachgiebigkeit in Bild 6.9. Grundsätzlich ist die entsprechende Zuordnung durch die Betrachtung der Getriebekonstruktion möglich. Eine verbesserte, anschaulichere Darstellung liefert jedoch Bild 6.10.

Das Diagramm enthält als wesentliche Information die aufaddierten Nachgiebigkeiten der im Kraftfluß liegenden Wellenknotenpunkte und die der Übersetzungsstufen. Das gesamte Trägheitsmoment der Wellenknotenpunkte im Kraftfluß wird anteilig auf die zwei Momentangriffsstellen einer Welle verteilt und durch den Abstand zweier Einheitskugeln als Ersatzträgheitsdurchmesser symbolisiert. Die bei Sägegetrieben übliche Riemenscheibe auf der Antriebswelle kann aufgrund ihrer großen Trägheit als starr angenommen werden. Das Diagramm entspricht damit einem bezüglich der Massen- und Steifigkeitsverteilung quantifizierten Getriebeplan.

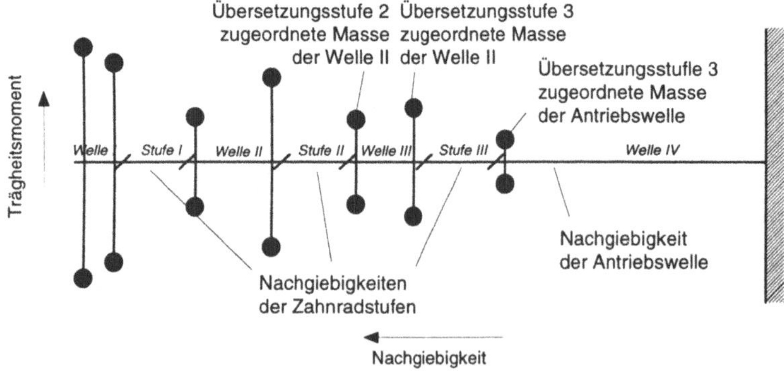

Bild 6.9. Massen- und Nachgiebigkeitsmodell des Beispielgetriebes

Die gleichzeitige Betrachtung der Torsions-Diagramme und des Massen-Nachgiebigkeitsdiagramms entspricht letztlich einer Analyse der kinetischen und elastischen Potentiale der Struktur.

6.3.3 Analyse der Verformungsanteile der Übersetzungsstufen

Bei allgemeinen Übersetzungselementen mit vollbesetzter Steifigkeitsmatrix, z. B. bei der vollständigen Kopplung durch eine Schrägverzahnung, erzeugt jede beliebige Belastung eine Verlagerung in allen Freiheitsgraden des Elements. Neben den reinen Torsionseigenschaften der Übersetzungs- und Wellenelemente bestimmen somit auch die axialen und radialen Verlagerungen an den Übersetzungselementen das Torsionsverhalten des Getriebes. Um daraus resultierende Schwachzonen lokalisieren zu können, ist es zunächst erforderlich, die Anteile dieser Verformungen an den Torsionssprüngen offenzulegen, bevor die einzelnen Verformungsarten näher betrachtet werden können.

Die Aufteilung erfolgt hinsichtlich der Anteile

- *Torsion*,
- *Radiale* Verlagerung eines Knotenpunkts in der y-z-Ebene,
- *Axiale* Verlagerung eines Knotenpunkts,
- *Kippen* des Wellen- oder Nabenelements am Übersetzungselement aus geometrischer Addition der Anteile in ξ- und ψ-Richtung

und ist für jeden Knotenpunkt eines Übersetzungselements durchzuführen. Die so ermittelten Verformungsanteile sind keine Eigenschaften der betrachteten Übersetzungsstufen und liefern daher auch keine zusätzlichen Hinweise auf Schwachstellen speziell dieser Elemente. Die Axial-, Radial- und Kippanteile resultieren vielmehr aus der Verformung aller Elemente der betreffenden Welle, insbesondere durch Biege- und Axialschwingungen, und weisen damit auf Schwachzonen dieser Welle hin. Ihre Analyse ist Voraussetzung für die Schwachstellenanalyse der Einzelwellen.

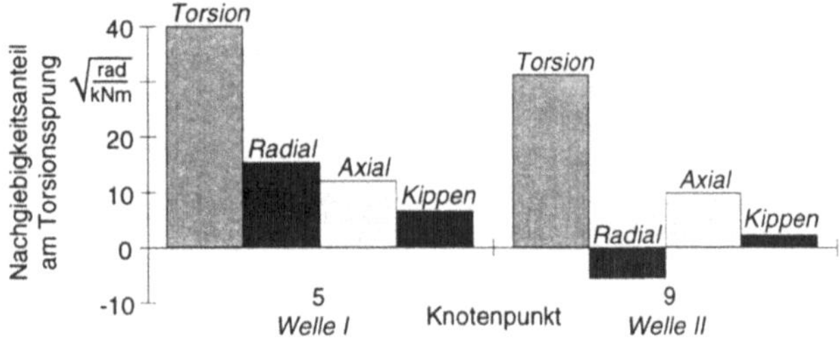

Bild 6.11. Nachgiebigkeitsanteile am Torsionssprung einer Zahnradstufe, vgl. Bild 6.8.

Bild 6.11 zeigt die Aufteilung der Nachgiebigkeitsanteile am Torsionssprung zwischen Welle I und Welle II des in Bild 6.8 dargestellten Getriebes. Neben der reinen Torsion weisen auch Radial- und Axialverformung einen deutlichen Anteil an der Gesamttorsion auf.

Bei der rechnergestützten Auswertung der Ergebnisdaten kann diese Grafik jederzeit für beliebige Zahnradstufen berechnet und in das Torsionsdiagramm eingeblendet werden. Auf diese Weise ist eine schnelle und anschauliche Darstellung zur Schwachstellenlokalisierung gesichert.

6.4 Schwachstellenanalyse einzelner Wellen

Im nächsten Schritt der Betrachtungen können die zuvor als Schwachzonen identifizierten Wellen einzeln näher auf axiale und radiale Verlagerung analysiert werden. Für Einzelwellen ist eine anschauliche Darstellung auch der Biege- oder Axialeigenschwingungen möglich.

Darüber hinaus kann auch die Einzelberechnung von Getriebewellen erfolgen, da die Ergebnisse der Gesamtrechnung die Schwachzonen in Bezug auf die Biege- oder Axialsteifigkeit zumeist nicht so markant aufzeigen, wie dies zur exakten Schwachstellenlokalisierung notwendig ist. Demgegenüber bietet die Berechnung der ausschließlich durch die Lagerungen gekoppelten Einzelwellen die Möglichkeit, auch axiale Verlagerungen oder Biegeeigenformen niedriger Ordnung einer genauen

Analyse zu unterziehen, wenn das Gesamtverhalten deutlich von einer Einzelwelle geprägt wird.

6.4.1 Biegelinienanalyse

Die Analyse der Biegeschwingungen umfaßt die Betrachtung der Radialverformungen der Wellenelemente und der Kippungen der auf die Wellen gesetzten Massen- bzw. Starrkörperbauteile. Aus der Untersuchung sollen folgende Informationen gewonnen werden:

- Verlagerungen im Bereich der Lagerstellen zur Beurteilung der dynamischen Lagersteifigkeiten,
- Verlagerung der Wellenachse und Kippung scheibenförmiger Bauteile zur Ermittlung der Schwachzonen der dynamischen Biegesteifigkeit
- Auswirkungen auf das Torsionsverhalten durch Biege- und Kippverlagerungen in Kopplungsrichtungen der Übersetzungselemente

Die Darstellung der Verformungslinie entsprechend den Berechnungsergebnissen (Bild 6.12) hat den Nachteil, daß dynamische Schwachzonen nicht direkt abgelesen werden können. Im Unterschied zur Torsionsanalyse ist die radiale Nachgiebigkeit an einem Punkt kein Maß für den Anteil an der Gesamtverformung und erlaubt daher keine Rückschlüsse auf Schwachzonen.

Gegenüber der in (Gl. 6.1) dargestellten Beziehung zwischen dem Torsionsmoment und der Verdrillung eines Torsionsstabes gilt bei einem einfachen biegeelastischen Balken (konstantes Elastizitätsmodul, konstanter Querschnitt) das Elastizitätsgesetz, d. h. der lineare Zusammenhang zwischen Biegemoment und Krümmung [GASCH; KNOTHE 1989]

$$M_{\mathrm{y}} = EI_{\mathrm{y}} \frac{\delta^2 y}{\delta x^2}. \tag{6.2}$$

Aus (Gl. 6.2) wird ersichtlich, daß die Darstellung der radialen Verlagerung der Wellenknotenpunkte alleine keine direkte Information über die Verteilung der Biegesteifigkeit gibt, weil die Differenz der Nachgiebigkeiten zweier Knotenpunkte kein Maß für die Biegesteifigkeit zwischen den Punkten ist. Erst die zweite Ableitung der Biegelinie, die Krümmung, ist steifgkeitsproportional.

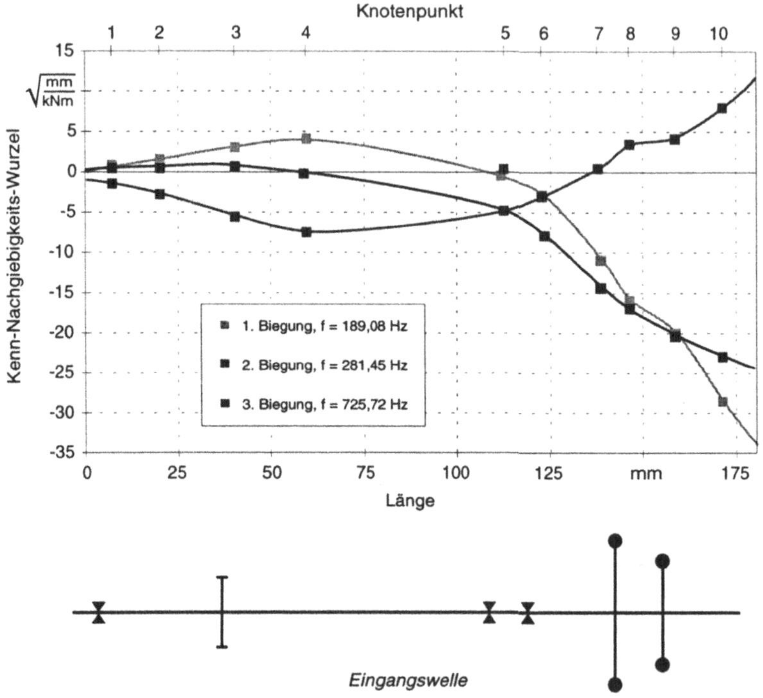

Bild 6.12. Biegeliniendiagramm der Eingangswelle des 4-Wellen-Getriebes

KIEHL (1984) stellt die Methode der Biegelinienanalyse vor, die prinzipiell geeignet ist, die translatorische Verformung einer mechanischen Struktur entlang eines gegebenen Kraftflusses auf Schwachstellen zu untersuchen. Demnach ist die Krümmung der Biegelinie zur Identfikation von Steifigkeitsänderungen geeignet. Das vorgestellte Verfahren bezieht sich auf die Auswertung von meßtechnisch gewonnenen Daten und erlaubt damit die Berücksichtigung der Verformungswerte in den drei translatorischen Koordinatenrichtungen. Die hier vorliegenden Berechnungsergebnisse besitzen zusätzlich die Information der Steigung über die Kipp-Freiheitsgrade ξ undψ. Dies bietet zum einen die Möglichkeit, die Biegelinie durch Interpolation der

Verformungsdaten mit Hilfe eines kubischen Spline-Algorithmus anzunähern, da in allen darzustellenden Punkten Verformung und Steigung bekannt sind. Zum anderen kann die Biegelinienanalyse anhand dieser interpolierten Spline-Funktion numerisch durchgeführt werden. Dadurch kann zumindest eine Abschätzung des Wellenverhaltens zwischen den Knotenpunkten erreicht werden.

Zu vergleichbaren Resultaten gelangt man ebenfalls mit einer vereinfachten Variante dieser Methode, die lediglich die Verformungen y an den diskreten Knotenpunkten berücksichtigt und die Biegelinie durch einen Polygonzug annähert. Als Maß für die Krümmung an einem Knotenpunkt k kann in diesem Fall die Steigungsdifferenz $\Delta\gamma$ zu den benachbarten Knotenpunkten k-1 und k+1 verwendet werden.

$$\Delta\gamma = \arctan\left(\frac{y_k - y_{k-1}}{x_k - x_{k-1}}\right) - \arctan\left(\frac{y_{k+1} - y_k}{x_{k+1} - x_k}\right) \qquad (6.3)$$

Bild 6.13 zeigt ein auf dies Weise erzeugtes Balkendiagramm der Krümmungen an den Wellenknotenpunkten, ermittelt für die ersten drei Eigenformen der Struktur. Die Bereiche größter Krümmung sind von denen größter Verformung (vgl. Bild 6.12) deutlich zu trennen.

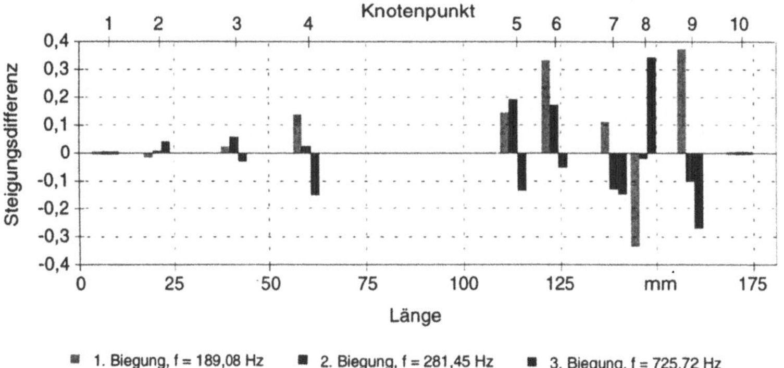

Bild 6.13. Biegelinienanalyse durch Darstellung der Krümmungen in den Knotenpunkten

Voraussetzungen für die Anwendbarkeit dieses Verfahrens sind die Betrachtung von Eigenfrequenzen niedriger Ordnung und die Modellierung der Struktur mit vielen Knotenpunkten. Diese sind jedoch bei den vorliegenden Aufgabenstellungen und aufgrund der Modellierungsmethode grundsätzlich erfüllt. Das Verfahren liefert besonders gute Resultate, wenn Schwachstellen, z. B. Querschnittsänderungen der Wellen, genau in den Knotenpunkten liegen, auch dies ist hier zumeist der Fall.

Zur Beurteilung der Konstruktion ist in die erster Linie die Lokalisierung der Schwachstellen interessant, die einen besonders hohen Anteil an der Gesamtverformung des Getriebes besitzen. Hierzu ist es sinnvoll, den Einfluß der Krümmung auf die dynamische Wellendurchbiegung an einem festgelegten Knotenpunkt, z. B. dem eines Zahneingriffs, zu berechnen.

Grundsätzlich können diese Rechnungen in Form einer Variationsrechnung durchgeführt werden, indem mehrere Rechenläufe mit unterschiedlich definierter Steifigkeit der Wellenelemente an verschiedenen Knotenpunkten durchgeführt werden. Dieses Verfahren wird jedoch sehr schnell extrem rechenaufwendig und unübersichtlich. Als sehr einfache Abschätzung können die entsprechenden Variationen auch auf der Basis der Biegelinien erfolgen.

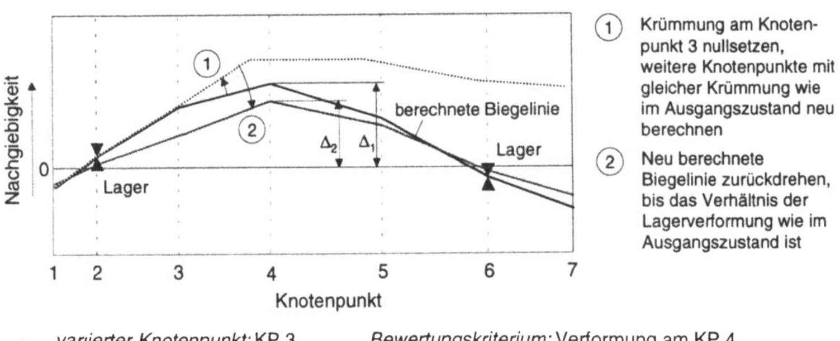

Bild 6.14. Grundprinzip der vereinfachten Krümmungsanalyse

Als Beurteilungskriterium wird die Verlagerung an einem bestimmten interessierenden Knotenpunkt, z. B. demjenigen eines Zahnradelements betrachtet. Der Einfluß jedes einzelnen Knotenpunkts auf dieses Verformungsmaß kann abgeschätzt werden, wenn die Steigungsdifferenz am betreffenden Knotenpunkt zu Null gesetzt und die daraus resultierende Biegelinie ermittelt wird. Für die Überschlagsrechnung wird angenommen, daß die Krümmung der restlichen Knotenpunkte, hier angenähert durch die Steigungsdifferenz, von dieser Änderung unbeeinflußt ist. Eine grafische Veranschaulichung dieser Methode ist in Bild 6.14 dargestellt.

Bild 6.15 zeigt die Ergebnisse dieser Berechnung anhand der maximalen Verformungsdifferenz der ersten bis dritten Eigenform der Beispielwelle. Am Knotenpunkt 8 wird deutlich, daß eine Versteifung dort keine Verringerung der Gesamtverformung bewirkt, obwohl in der Rechnung eine hohe Krümmung und damit geringe Steifigkeit festgestellt werden. Verantwortlich dafür ist der Krümmungswechsel an dieser Stelle, d. h. die gegenläufige Schwingungsform (vgl. Bild 6.12).

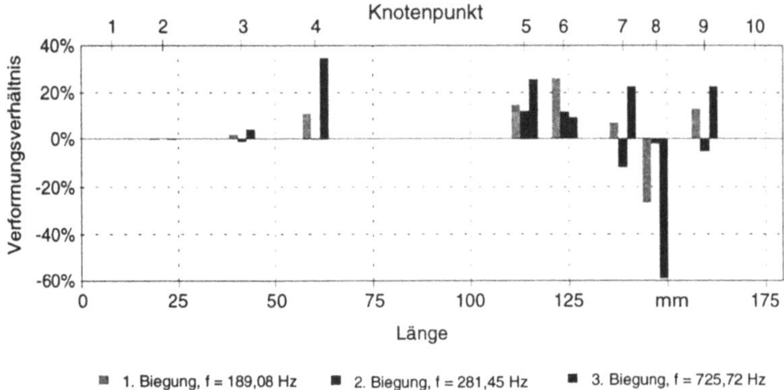

Bild 6.15. Analyse des Krümmungseinflusses der Wellenknotenpunkte

Wie die Diagramme der Verformungsanteile bei der Torsionsanalyse sind auch diese Grafiken bei Bedarf vom Benutzer in die Biegeliniendarstellung einzublenden. Damit wird zum einen die Übersichtlichkeit erhöht, zum anderen aber auch die Möglichkeit geboten, mit wenig Aufwand einen Überblick über die Struktureigenschaften und Variationsmöglichkeiten zu erlangen.

Eine weitere wesentliche Information aus der Betrachtung der Biegeeigenformen der Einzelwellen liefert die Kippung der Nabenbauteile.

Massenelemente (Zahnräder, Ringmassen usw., vgl. Abschnitt 4.1.2), die durch Federelemente mit den Wellen gekoppelt sind, können Kippschwingungen ausführen, die z. B. bei Zahnrädern durch den Wälzkreisradius zu einer Verformung am Zahneingriff führen. Das verwendete 6-Freiheitsgrade-System ermittelt für den Massenknotenpunkt den Steigungswinkel in den Kipp-Freiheitsgraden ψ und ξ. Dadurch ist es möglich, auch die Auswirkungen der Steifigkeit der Paßfederverbindungen zu analysieren. Da Zahnräder selbst lediglich als Massen mit unendlicher Steifigkeit angenommen werden, wird der Einfluß der Zahnradverformung an dieser Stelle vernachlässigt. Die Darstellung erfolgt durch das Einblenden der verformt, d. h. gekippt dargestellten Bauteile in der Biegelinie.

6.4.2 Axiale Verformungen der Einzelwelle

Obwohl die Axialsteifigkeit der Einzelwellen und der Axiallagerungen nur in seltenen Fällen eine Schwachstelle bildet, soll die Auswertung der axialen Verformungen hier der Vollständigkeit halber erwähnt werden. Longitudinalschwingungen der Wellen in Getrieben treten unter normalen Bedingungen erst bei hohen Frequenzen auf und wirken sich nicht störend auf den Getriebelauf aus. Axiale Schwingungen einer Welle quasi als Starrkörper bei niedrigen Frequenzen weisen auf zu gering dimensionierte Axiallagerungen hin. Bei Vorschubantriebsstrukturen, insbesondere bei Kugelrollspindeln und deren Lagerung, ist eine hohe Nachgiebigkeit in der Axiallagerung eine häufig anzutreffende Schwachstelle.

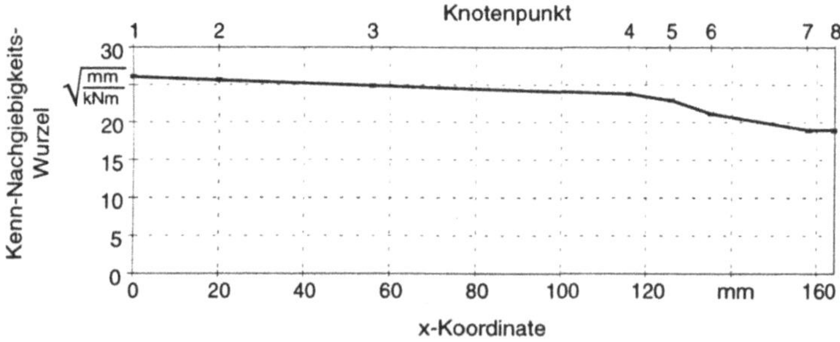

Bild 6.16. Axiale Verformung einer Getriebewelle

Bild 6.16 zeigt die grafische Darstellung einer axialen Wellenverlagerung bei $f_e = 566$ Hz mit einer Longitudinalschwingung. Weitergehende Analysewerkzeuge sind bei axialen Verformungen nicht erforderlich, da die Schwachstellen aus der Funktion der Lagerungen i. allg. leicht zu identifizieren sind.

6.5. Programmtechnische Umsetzung

Die gezeigten Analyse- und Darstellungsmöglichkeiten zur Auswertung der mit dem System *ASDY* erzeugten und berechneten FE-Modelle sind als eigenständiges Programm-Modul *ASDY*-Analyse vollständig in den übrigen Programmablauf integriert. Dementsprechend wurde der unter Abschnitt 4.3 geschilderte Programm- und Datenaufbau verwendet, ebenso die Benutzeroberfläche (Bild 6.17). Die Diagramme können parallel zum Konzept-CAD-System dargestellt werden und erlauben damit eine gute Anschaulichkeit der Ergebnispräsentation und optimale Zuordnung der Verformungen und der zu bewertenden Getriebe-Konzepte.

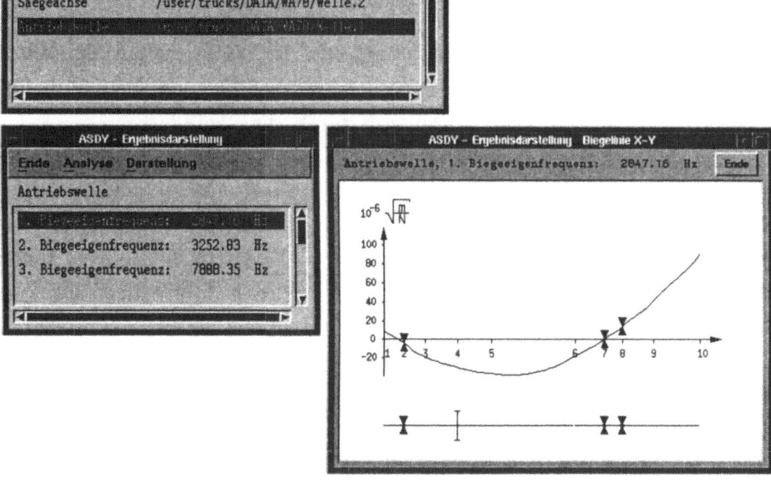

Bild 6.17. Benutzeroberfläche zur Ergebnisdarstellung

6.6 Ganzheitliche Bewertungsansätze

Anhand der bisher gezeigten Darstellungen von Eigenfrequenzen oder Eigenvektoren lassen sich noch keine direkten Aussagen über die konkreten Eigenschaften einer Maschine bei der Zerspanung machen. Sie sind zwar für die Schwachstellenanalyse der Strukturen unerläßlich, bieten aber noch kein an der Bearbeitungsaufgabe orientiertes Beurteilungskriterium, da der Einfluß der Zerspanung unberücksichtigt bleibt. Über die Analyse der Berechnungsergebnisse mit Hilfe der genannten Methoden hinaus bestehen deshalb verschiedene Ansätze, die eine ganzheitliche Bewertung des Entwurfs gewährleisten sollen. Dazu werden die Auswirkungen der dynamischen Nachgiebigkeit auf das Gesamtverhalten der Maschine bzw. des Zerspanprozesses betrachtet.

Gemäß der in Kapitel 2 getroffenen Unterscheidung von Schwingungen an Werkzeugmaschinen und ihren Ursachen wird auch das dynamische Verhalten der Maschine bei Fremd- oder Selbsterregung bewertet.

6.6.1 Systemverhalten bei Fremderregung

Die einfachste Möglichkeit zur Berücksichtigung der äußeren Anregung ist die Umrechnung der Anregung auf die entsprechenden real interpretierbaren Bearbeitungsparameter von Maschine und Prozeß. Im Falle des Kreissägens erfolgt die Fremderregung im wesentlichen durch das mehrzahnige Werkzeug. Der typische rechteckförmige Zerspankraftverlauf [MAULHARDT 1991] kann gut durch die Grundschwingung der Fourier-Entwicklung angenähert werden, daher erscheint diese Auswertung für die Beurteilung in der Konzeptphase ausreichend. Die Einstellparameter sind: Drehzahl n bzw. Schnittgeschwindigkeit v_c, Sägeblattdurchmesser D und Zähnezahl z. Da Erregerfrequenz f und Schnittgeschwindigkeit v_c durch $f = n \cdot z$, bzw. $v_c = \pi \cdot D \cdot n$ gegeben sind, lautet der Zusammenhang zwischen diesen beiden Größen

$$v_c = \pi \cdot D \cdot f / z. \tag{6.4}$$

Mit (Gl. 6.4) kann für jedes gewählte Werkzeug, das durch Sägeblattdurchmesser und Zähnezahl definiert ist, die Umrechnung durchgeführt werden. Das in Bild 6.18 dargestellte Diagramm zeigt beispielhaft die Verlagerungsamplitude an der Zerspanstelle einer Kreissäge bei dynamischer Erregung mit einem Wechselmoment von 1 Nm in Abhängigkeit von der Schnittgeschwindigkeit der Maschine.

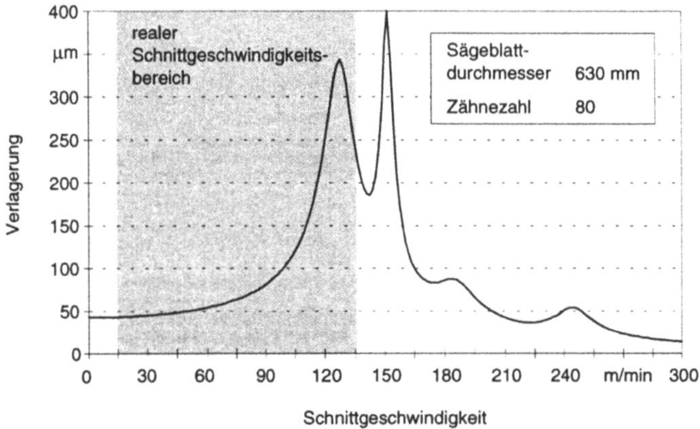

Bild 6.18. Schnittgeschwindigkeits-Verformungsdiagramm eines Beispielgetriebes

Wenn bei der rechnergestützten Analyse der Berechnungsergebnisse die Werkzeugparameter *Durchmesser* und *Zähnezahl* direkt variiert werden können, erlaubt dieses Vorgehen auf sehr anschauliche Weise eine Umsetzung der abstrakten modalen Parameter in praxisorientierte Darstellungen.

Die Erregung durch Unwuchten im Antriebsstrang, die ebenfalls sehr einfach frequenzabhängig umzurechnen und in einem ähnlichen Diagramm darstellbar ist, spielt bei Kreissägegetrieben aufgrund der niedrigen Drehzahlen keine Rolle. Bei der Berechnung von Hauptspindeln z. B. von Fräsmaschinen kann die Betrachtung der Unwuchterregung jedoch sinnvoll sein.

6.6.2 Systemverhalten bei Selbsterregung

Die Berücksichtigung der Zahneintrittstöße deckt lediglich einen Teil der möglichen Anregungsmechanismen ab. Hierbei wird nur ein Teilaspekt der Modellierung, nämlich der der Fremderregung, abgebildet. Für die

Bewertung eines Maschinenentwurfs nach Kriterien, die dem realistischen Einsatzverhalten der Maschine entsprechen, fehlt jedoch als wesentliche Komponente die Berücksichtigung der Wechselwirkungen zwischen Maschine und Zerspanprozeß. Diese müssen z. B. dann mit erfaßt werden, wenn die dynamische Stabilität während der Bearbeitung, d. h. die Sicherheit gegen das Auftreten selbsterregter Schwingungen, untersucht werden soll. Diese Lücke kann durch die dynamische Prozeßsimulation (vgl. Bild 2.2) geschlossen werden. Sie wird für das Fertigungsverfahren *Kreissägen* von MAULHARDT (1991) und ZÄH (1994) beschrieben und soll hier als Möglichkeit zur Auswertung der FE-Berechnungen kurz erläutert werden.

Grundlage des Verfahrens ist die Beschreibung des Zerspanprozesses durch ein regelungstechnisches Modell im Frequenzbereich (vgl. Bild 2.3), das nach üblichen regelungstechnischen Kriterien auf seine Stabilität untersucht werden kann. Die wesentlichen Bestandteile des Modells sind:

- *Die dynamischen Eigenschaften der Werkzeugmaschine*

  Diese werden durch die modalen Parameter der Maschine, hier in erster Näherung durch die modalen Parameter des Hauptantriebsgetriebes, charakterisiert. Da die modalen Parameter sowohl experimentell als auch analytisch bestimmt werden können, bietet diese Beschreibung die Möglichkeit, bereits im Entwurfsstadium Berechnungen durchzuführen, aber auch den Vergleich mit meßtechnischen Werten bereits bestehender Maschinen vorzunehmen.

- *Die Dynamik des Zerspanprozesses*

  Sie wird beschrieben durch die dynamischen Abhängigkeiten der Schnittkraft von den technologischen Größen der Zerspanung, z. B. Schnittgeschwindigkeit v_c oder Spanungsdicke h.

Durch das dynamische Prozeßmodell können die Auswirkungen von Änderungen der Spanungsdicke oder der Schnittgeschwindigkeit auf die Schnittkraft erfaßt werden. Ebenso können verschiedene dynamische Effekte, z. B. der Regenerativeffekt, d. h. das Wiedereinschneiden eines Zahns in eine vom vorherigen Zahn erzeugte wellige Kontur, abgebildet und der Einfluß auf die Bearbeitung untersucht werden.

Bei der Beurteilung von Maschinenentwürfen, die hier durchgeführt werden soll, liefert die Prozeßsimulation folgende Ergebnisse:

- Für eine festgelegte, repräsentative Bearbeitungsaufgabe kann bestimmt werden, bis zu welcher Schnittbreite a die Zerspanung ratterfrei erfolgen kann. Da bei Kreissägen üblicherweise stets mehrere Schneiden gleichzeitig im Eingriff sind, wird hier die Äquivalentblattbreite = Sägeblattbreite × Zähne im Eingriff betrachtet.
- Das Verhältnis der zuvor bestimmten Maximalschnittbreite zur tatsächlichen Schnittbreite stellt ein Maß für die Stabilitätsreserve, also die Rattersicherheit der Maschine dar.
- Die Berechnungen können für verschiedene Werte der Schnitt- und der Vorschubgeschwindigkeit durchgeführt werden und liefern dann sog. Stabilitätsdiagramme, in denen der schnittgeschwindigkeitsabhängige Verlauf der Äquivalentblattbreite dargestellt ist (Bild 6.19). Wird in diese Diagramme zusätzlich noch die aus der Hauptantriebsleistung ermittelte Leistungsgrenze der Maschine eingetragen, ist auf anschauliche Art ein Vergleich von der installierten zur nutzbaren, durch die Instabilität reduzierten, Leistung möglich.

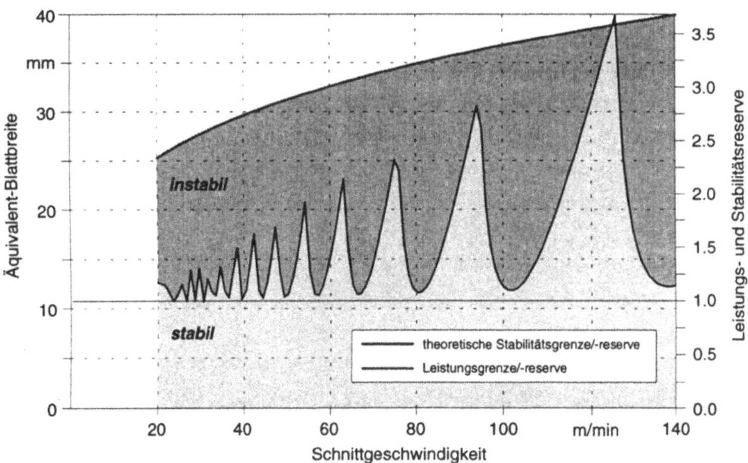

Bild 6.19. Stabilitätsdiagramm einer Kreissäge, dynamisches Verhalten der Maschine bestimmt durch Berechnung des Getriebes aus Bild 3.1

Zusammenfassend erlaubt die dynamische Prozeßsimulation auf der Basis der rechnerisch ermittelten Maschinenbeschreibung und die entsprechende Auswertung der Stabilitätsrechnung eine sehr anschauliche, praxisnahe und damit für den Maschinenkonstrukteur besonders geeignete Beurteilung eines Maschinenentwurfs.

7 Kopplung von Getriebestruktur und Gehäuse

7.1 Anforderungen und Zielsetzung

Die Entwicklung eines Getriebes erfolgt in der Praxis i. allg. getrennt nach der eigentlichen Getriebestruktur und dem umgebenden Gehäuse. Sowohl das Vorgehen beim Entwurf als auch die Komplexität der entworfenen Strukturen unterscheiden sich dabei erheblich. Die vom Antrieb zu erfüllenden Funktionen sind üblicherweise gestaltbestimmend, d. h. Verzahnungsabmessungen, Wellendurchmesser oder Lagerdimensionen ergeben sich in der Regel direkt aus den Anforderungen des Pflichtenhefts. Dagegen sind die Abmessungen der Gehäusekomponenten zwar an bestimmten Stellen durch Fügeflächen oder Führungen festgelegt, ansonsten aber in der Regel frei zu gestalten. Die Vielfalt der verwendeten Formelemente ist ebenfalls deutlich unterschiedlich, da die Getriebewellen aufgrund der rotationssymmetrischen Elemente einfacher aufgebaut sind als Gehäusestrukturen. Eine Differenzierung des Entwurfs nach Getriebestruktur und Gehäuse auch in den zur Konstruktion und Berechnung verwendeten Systemen ist daher sinnvoll.

Ziel jeder Beurteilung eines Entwurfs ist es, ein möglichst genaues Bild der Maschine unter praktischen Einsatzbedingungen zu erhalten. Zu diesem Zweck muß die Simulation das gesamte für den Zerspanprozeß relevante Maschinenverhalten abbilden. Das Schwingungsverhalten eines Getriebes beispielsweise ist oft nur einer von mehreren Einflußfaktoren auf die Dynamik der gesamten Maschine. Zur Beurteilung des Maschinenentwurfs anhand des dynamischen Verhaltens sollten die vorhandenen Einflüsse aller Teilstrukturen daher möglichst vollständig berücksichtigt werden. Dies gilt insbesondere, wenn die Berechnung zur Beurteilung und nicht nur zur reinen rechnergestützten Schwachstellenanalyse dienen soll.

Um den Einfluß mehrerer Teilstrukturen zu berücksichtigen, gibt es prinzipiell zwei Möglichkeiten:

1. Getrennte Berechnung der Teilmodelle und Superposition der Ergebnisse.
2. Verknüpfung der Modelle und Gesamtberechnung.

Da der Rechenaufwand i. allg. quadratisch mit der Modellgröße ansteigt, sollte, wenn möglich, die erste Methode gewählt werden. Dies ist allerdings nur zulässig, wenn die Eigenfrequenzen der Komponenten in verschiedenen Frequenzbereichen liegen (Bild 7.1 a) oder die einzelnen Eigenformen deutlich kinematisch entkoppelt sind, so daß keine gegenseitige Beeinflussung des Verhaltens festzustellen ist (Bild 7.1 b).

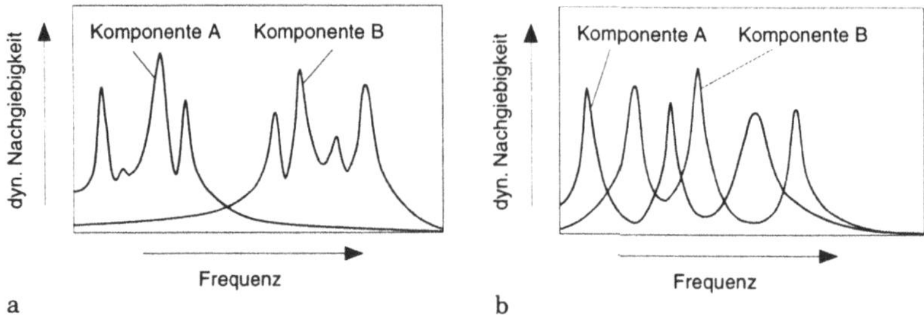

Bild 7.1. Mögliche Überlagerungen der frequenzabhängigen Nachgiebigkeiten zweier Teilstrukturen

Die Überlagerung der Einzeleinflußfaktoren kann in diesem Fall durch einfache Addition an der interessierenden Stelle, z. B. der Zerspanstelle, gebildet werden. Bild 7.2 zeigt beispielhaft die von MAULHARDT (1991) und ZÄH (1994) vorgenommene Auftrennung der mechanischen Gesamtstruktur einer Kreissäge zur Modellbildung des mechanischen Verhaltens. Die im Modell berücksichtigten Teilmodelle sind der Hauptantrieb und der Vorschubantrieb. In diesem Fall wird von einer kinematischen Entkopplung dieser beiden Komponenten ausgegangen und der Einfluß von Maschinengestell und Werkzeug vollkommen vernachlässigt. Die aus der getrennten Berechnung ermittelten Verlagerungen werden an der Zerspanstelle überlagert.

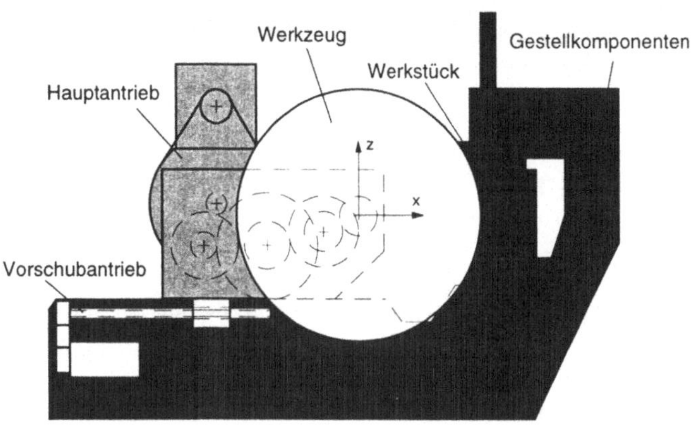

Bild 7.2. Mechanische Teilsysteme einer Kreissäge, nach [MAULHARDT 1991]

Die geschilderten Fälle werden sehr selten in reiner Form auftreten, so daß eine Gesamt-Modellbildung und Berechnung zu genaueren Resultaten führt. Verformungen des Getriebegehäuses im Bereich der Lagerstellen wirken z. B. unmittelbar auf die Wellenverformung zurück und beeinflussen somit das Getriebeverhalten. Zur exakten Berücksichtigung dieses Verhaltens ist eine Einbeziehung des Kontaktbereiches erforderlich. Es ist deshalb sinnvoll, die Teilmodelle der Getriebe und die Komponenten *Werkzeug* und *Gestell* miteinander zu verbinden:

Üblicherweise wird nach einer Auslegung der Getriebestufen und der entsprechenden Nachrechnung des Entwurfs die weitere Ausarbeitung in einem groben Entwurf der Anschlußstruktur bestehen. Die Berechnung des Verhaltens von Getriebe und Gehäuse stellt insofern einen weiteren Detaillierungsfortschritt in der Konstruktion dar und kann damit auch zeitlich nach der Getriebeberechnung erfolgen.

7.2 Möglichkeiten zur Kopplung der Teilmodelle

Unterteilt man die mechanische Struktur einer Werkzeugmaschine grob in Getriebestrukturen und Gestellkomponenten, wird die Kopplung bereits auf unterster Detaillierungsebene bei jeder praktisch durchgeführten Gestell- und Getriebeberechnung vorgenommen. Die üblichen vereinfachten Methoden sind:

- Erfassung der Massen- bzw. Starrkörperwirkung der Wellenbauteile durch Einfügen eines entsprechenden Massenpunktes im FE-Modell der Gestellkomponenten, bzw.
- Berücksichtigung der Gehäusenachgiebigkeit durch entsprechende Wahl der Steifigkeitsparameter für die Lagerstellen bei der Berechnung von Getriebestrukturen.

Auf diese Art und Weise wird der Einfluß der jeweils nicht direkt im Modell erfaßten Maschinenkomponenten in den Teilmodellen in erster Näherung berücksichtigt. Eine Berechnung der Wechselwirkungen erfolgt damit nicht, da im ersten Fall die Steifigkeitswirkungen, im zweiten die Massenwirkung nicht abgebildet werden. Für die überschlägige Bewertung ist die erreichbare Genauigkeit aber zumeist ausreichend.

Zur gemeinsamen FE-Modellbildung sind die unterschiedlichen Teilmodelle in geeigneter Weise miteinander zu verknüpfen, um alle dynamischen Wechselwirkungen zwischen Gestell und Getriebe zu berücksichtigen. Diese Integration kann auf der Ebene der CAD-Modelle oder auf der Ebene der FEM-Modelle erfolgen.

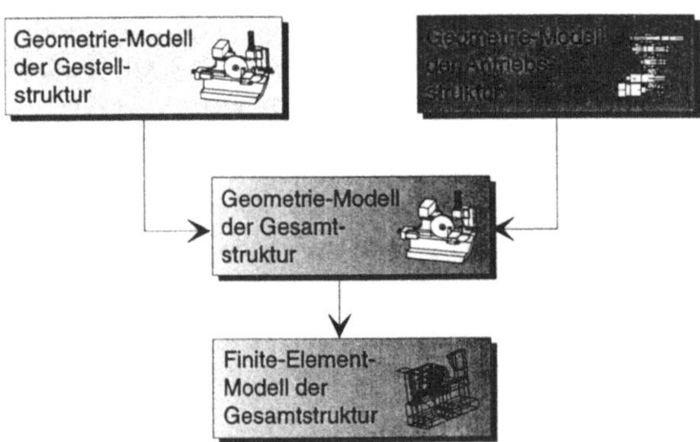

Bild 7.3. Zusammenführung von Gestell- und Getriebestruktur im CAD-Modell

Wenn die unterschiedlichen Komponenten unter Beachtung der erforderlichen Schnittstellen in einem einheitlichen CAD-System erzeugt werden oder zumindest in ein einheitliches, gemeinsames Format umgewandelt werden können, liegt eine vollständige Beschreibung des

Entwurfs im CAD-System vor (Bild 7.3). Diese kann mit einem CAD-integrierten Netz-Generator vernetzt werden. Dabei gelten allerdings für den Getriebeteil die in Kapitel 3 aufgeführten Einschränkungen hinsichtlich der automatischen Vernetzung und der Eignung von Volumenmodellen zur Berechnung.

Deshalb wird im folgenden eine Lösung vorgestellt, die die getrennte Vernetzung der Teilmodelle und ihre Zusammenführung im FEM-System beinhaltet (Bild 7.4).

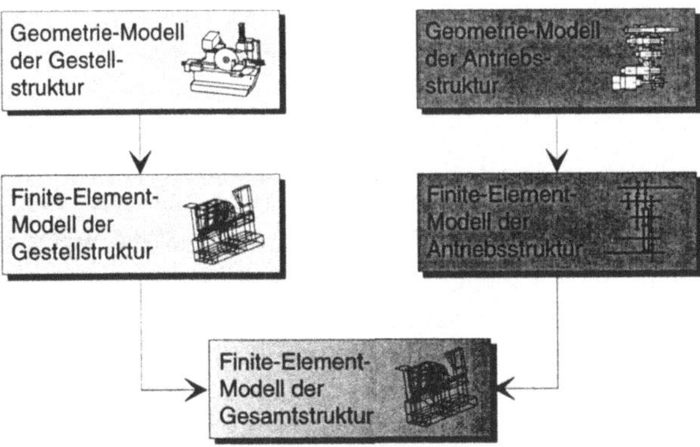

Bild 7.4. Zusammenführung von Gestell- und Getriebestruktur im FEM-Modell

Grundlage für die Modellbildung der Werkzeugmaschinenkomponenten ist die Geometriedefinition im 3D-CAD-System. Die Modellbildung der Getriebestrukturen erfolgt wie in den Kapiteln 3 und 4 erläutert, die Modellierung der Gestellkomponenten geschieht in einer für die automatische Netzgenerierung geeigneten Weise, wie sie z. B. von ALBERTZ (1994) beschrieben wird. Als Ergebnis der FE-Modellbildung liegen ein Schalenelement-Modell der Gehäusekomponenten, bzw. der kompletten Werkzeugmaschine auf der einen Seite und angepaßtes Balkenelement-Modell der Getriebestruktur auf der anderen Seite vor. Beide Teilmodelle werden zu einem Gesamt-FE-Modell zusammengefaßt und berechnet.

7.3 Programmtechnische Realisierung

Die Umsetzung des im obigen Abschnitt erläuterten Konzepts beinhaltet die Geometrie-Modellbildung der einzelnen Teilkomponenten, die Erzeugung der zugehörigen FE-Strukturen und die Verknüpfung zu einem Gesamtmodell. Die Modellbildung der Getriebestrukturen wurde bereits ausführlich erörtert. Die Modellbildung der Werkzeugmaschinenstruktur wird hier nur kurz beschrieben, soweit es für die Darstellung des Konzepts notwendig ist.

7.3.1 Modellbildung der Gehäusekomponenten

Die Geometrie-Modellierung der Werkzeugmaschinen-Gehäusekomponenten wird zweckmäßig in einem 3D-CAD-System vorgenommen, das die Möglichkeit der automatischen Netzgenerierung anbietet. Nach ALBERTZ (1994) ist bei dünnwandigen Strukturen, die bei Gestellbauteilen zumeist vorliegen, die FE-Modellierung mit Flächenelementen zulässig. In diesem Fall ist eine automatische Vernetzung mit Dreieckelementen möglich.

Werden in der modellierten Struktur verschiedene Teilbaugruppen miteinander verbunden, ist die Modellierung der Fügestellen erforderlich. Dies ist beispielsweise bei kompletten Werkzeugmaschinen der Fall, die aus Bett, Ständer, Schlitten usw. bestehen, aber auch schon bei Getriebegehäusen, die z. B. verschraubte Lagerdeckel besitzen. Die Fügestellen werden durch lineare Federn beschrieben, deren Steifigkeitsparameter aus der Erfahrung bzw. durch Formeln abgeleitet werden. In der Praxis erfolgt dies durch die Modellierung von Federverbindungen an den Fügestellen im CAD-System und Zuweisung der Elementparameter aus einer Datenbank.

7.3.2 Definition und Modellierung der Schnittstellen

Die mechanischen Schnittstellen zwischen der Wellenstruktur und dem Getriebegehäuse sind die Lagerstellen des Getriebes. Um ein problemloses Zusammenfügen der Teilsysteme zu einem einheitlichen FE-Modell gewährleisten zu können, müssen folgende Randbedingungen beachtet werden:

1. Die Strukturen müssen von den geometrischen Abmessungen her aufeinander abgestimmt sein, damit sich die Lagerstellen, die an den Wellen und am Gehäuse festgelegt wurden, geometrisch jeweils am selben Ort befinden. Dies wird durch die beschriebene Methodik insofern sichergestellt, als die Festlegung der Lagerstellen während des Wellenaufbaus erfolgt und durch die Parametrik des CAD-Systems für den Gehäuseaufbau als gestaltbestimmend festgelegt wird.
2. Die Netzstrukturen müssen am Lagerort kompatibel sein, damit ein korrektes Gesamtmodell ohne doppelt oder unzureichend definierte Knotenpunkte erzeugt werden kann. Dies kann durch die unten beschriebene Modellbildung im CAD-System zur Gehäusemodellierung erreicht werden.
3. Die Elemente zur Anbindung der Wellenstruktur an das Gehäuse müssen die Kopplungen der Lagerstellen korrekt erfassen.

Bild 7.5 a zeigt eine Skizze des Zusammenbaus von Getriebe und Gehäuse am Beispiel eines einfachen Zwei-Wellen-Getriebes. Der Lagerdeckel, der ein Lager der Antriebswelle enthält, ist mit dem restlichen Gehäuse durch Schrauben verbunden. Da die Darstellung von Getriebe und Werkzeugmaschine insgesamt zu komplex ist, soll das prinzipielle Vorgehen anhand dieses Beispiels beschrieben werden.

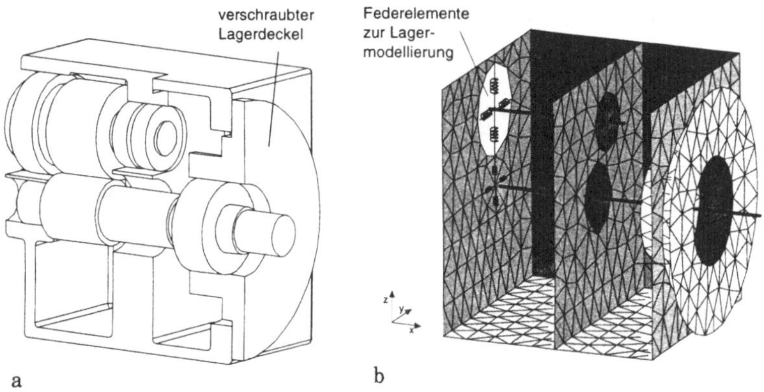

Bild 7.5. Darstellung der gekoppelten Teilmodelle *Getriebegehäuse* und *Getriebestruktur* als a) CAD-Modell b) FE-Modell

Bei der Vernetzung der Gehäusestruktur werden an jeder Lagerstelle vier um jeweils 90° versetzte, auf den Lagerumfang verteilte Federanschlußpunkte erzeugt. Diese werden mit dem entsprechenden Lagerknotenpunkt des Getriebemodells verbunden. Durch eine geeignete Kennzeichnung der so generierten Lager-Knotenpunkte erfolgt die Zuordnung der vier Gehäuse-Knotenpunkte einer Lagerstelle zum Getriebe-Knotenpunkt automatisch durch Vergleich der Koordinaten.

In den Lagerstellen werden die bereits in *ASDY*-FEM erfaßten Kopplungsarten von Wälzlagern abgebildet, also

- radiale Kopplung in y- und z-Richtung,
- axiale Kopplung in x-Richtung, wenn ein Festlager vorliegt, sowie
- Kippkopplungen um die y-und z-Achse bei bestimmten Lagerarten.

Die zuvor bestimmten Gesamtübertragungssteifigkeiten werden für jede Kopplungsrichtung gleichmäßig auf jeweils vier lineare Federelemente aufgeteilt. Die Darstellung in Bild 7.5 b soll lediglich die Anordnung der Federn symbolisieren und sagt nichts über die tatsächliche Richtung der Federwirkung aus. Die Erfahrung zeigt, daß auf diese Weise die Kopplung mit dem umgebenden Gehäuses gut angenähert werden kann.

7.3.3 Koordinatentransformation

Voraussetzung für das Zusammenfügen der Teilmodelle Getriebe und Gehäuse ist die Beschreibung beider Komponenten in einem einheitlichen Koordinatensystem. Beim Entwurf von Getriebe und Gehäuse bzw. Werkzeugmaschine werden jedoch i. allg. unterschiedliche Koordinatensysteme für die verschiedenen Komponenten vorliegen. Beim Entwurf der Getriebestruktur in *ASDY* richtet sich das Koordinatensystem in der x-Richtung nach Nullpunkt und Achsrichtung einer Bezugswelle sowie in y- und z-Richtung nach der Lage der auf die Bezugswelle folgenden Welle (Bild 7.6). Nur unter diesen speziellen Bedingungen sind die einfachen Modellierungsregeln zur Erstellung der Element- und Systemmatrizen anwendbar. Beim CAD-Entwurf hingegen wird das Koordinatensystem entsprechend dem üblichen Maschinenkoordinatensystem [DIN 66217] gewählt.

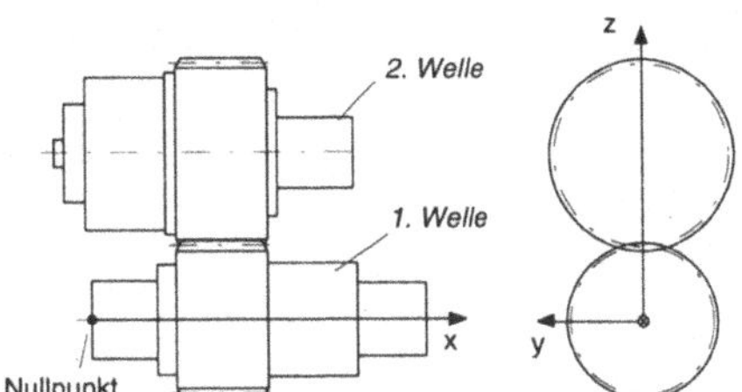

Bild 7.6. Festlegung des *ASDY*-Koordinatensystems

Aufgrund der oben genannten Vorschriften zur Wahl des *ASDY*-Koordinatensystems und der Tatsache, daß u. U. mehrere Getriebestrukturen in ein Werkzeugmaschinenmodell einzubauen sind, ist es sinnvoll, das Teilmodell Getriebe in die Koordinaten der Maschine umzurechnen und nicht umgekehrt.

Die Transformation des Getriebemodells in das Maschinenkoordinatensystem erfolgt in zwei Schritten:

- Zur korrekten Übergabe der finiten Elemente ist eine Richtungstransformation erforderlich. Bei Elementen, deren Systemmatrizen innerhalb des Programms NASTRAN erstellt werden, sind lediglich die Koordinaten der Elementknotenpunkte zu transformieren. Bei verschiedenen Elementen sind darüber hinaus auch Massen und Massen-Trägheitsmomente, bzw. die vollständigen Steifigkeitsmatrizen zu übertragen. Dies sind z. B.:
  - alle Starrkörperelemente mit rotatorischer Trägheitswirkung (Zahnrad, Ringmasse, Einzelmasse), sowie
  - Elemente zur Drehmomentübertragung, die durch Angabe der vollbesetzten Steifigkeitsmatrix beschrieben werden (Zahnradstufe, Paßfederverbindung).
- Zum lagerichtigen Einfügen der Getriebestruktur, zur korrekten Darstellung und zur korrekten Berücksichtigung der Massenwirkungen beim Aufbau der Systemmatrizen müssen die Getriebeknotenpunkte an die entsprechenden Stellen der Gehäusestruktur verschoben werden. Der Aufbau der Elementmatrizen wird davon nicht beeinflußt.

Die Lage der Getriebewellen in Bezug auf die Gehäusestruktur wird durch die Angabe von drei Punkten A, B, C festgelegt, die in beiden

Teilmodellen definiert sind. Dazu bieten sich die im vorigen Abschnitt festgelegten Lagerstellen an (Bild 7.7).

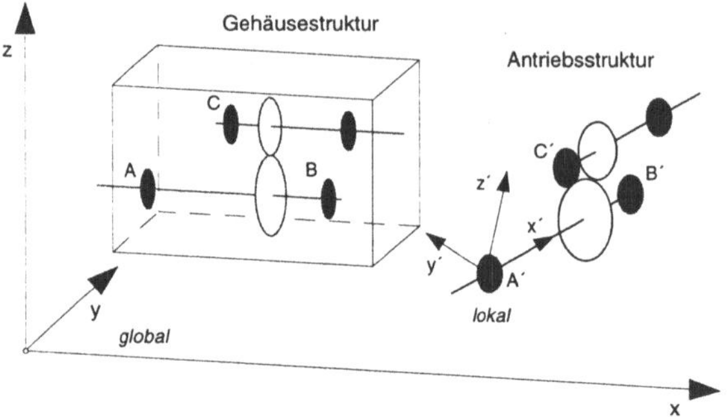

Bild 7.7. Koordinatentransformation zum Zusammenbau von Getriebe- und Gehäusekomponenten

Die Transformation der Knotenpunktskoordinaten vom getriebebezogenen x', y', z'-Koordinatensystem in das x, y, z-Gesamtmaschinensystem erfolgt durch die *homogene Transformation* [ANGELL 1983]. Diese verbindet die Rotation um die Koordinatenachsen zur Richtungstransformation mit der translatorischen Verschiebung in das globale Koordinatensystem in einer einzigen Matrizenmultiplikation in der Form

$$\begin{bmatrix} x \\ y \\ z \\ \hline 1 \end{bmatrix} = \left[\begin{array}{ccc|c} & & & \Delta x_a \\ & \boldsymbol{T}_0 & & \Delta y_a \\ & & & \Delta z_a \\ \hline 0 & 0 & 0 & 1 \end{array}\right] \cdot \begin{bmatrix} x' \\ y' \\ z' \\ \hline 1 \end{bmatrix}. \tag{7.1}$$

Darin beschreibt $\boldsymbol{T}_0$ die Drehung um die drei Koordinatenachsen und beinhaltet die Richtungskosinus zwischen den lokalen und den globalen Koordinatenachsen. Diese können genau dann auf einfache Weise gewonnen werden, wenn für die drei Punkte A, B, C, die zur Lagebeschreibung der Struktur im Raum verwendet werden, folgende Voraussetzungen gegeben sind:

1. A, B, C müssen in zwei Lagerstellen der ersten und einer Lagerung der folgenden Welle gewählt werden,

2. A und B liegen auf der x-Achse des lokalen Koordinatensystems,
3. C liegt in der x-z-Ebene des lokalen Koordinatensystems.

Diese Bedingungen sind grundsätzlich erfüllt, wenn in *ASDY* modelliert wird. Bei Verwendung eines Standard-CAD-Systems zur Getriebemodellierung (Abschnitt 4.1.3) können diese Koordinaten direkt aus den Daten der verwendeten Elemente ermittelt werden.

Nach KRÄMER (1984) können mit $\boldsymbol{a} = \overrightarrow{AB}$, $\boldsymbol{d} = \overrightarrow{BC}$, sowie $\boldsymbol{c} = \boldsymbol{a} \times \boldsymbol{d}$ und $\boldsymbol{b} = \boldsymbol{c} \times \boldsymbol{a}$ drei orthogonale Vektoren $\boldsymbol{a}$, $\boldsymbol{b}$, $\boldsymbol{c}$ bestimmt werden, deren Richtungskosinus den gesuchten Richungskosinus der lokalen Koordinatenachsen entsprechen. Dann gilt

$$\boldsymbol{T}_0 = \begin{bmatrix} \frac{a_x}{|\boldsymbol{a}|} & \frac{a_y}{|\boldsymbol{a}|} & \frac{a_z}{|\boldsymbol{a}|} \\ \frac{b_x}{|\boldsymbol{b}|} & \frac{b_y}{|\boldsymbol{b}|} & \frac{b_z}{|\boldsymbol{b}|} \\ \frac{c_x}{|\boldsymbol{c}|} & \frac{c_y}{|\boldsymbol{c}|} & \frac{c_z}{|\boldsymbol{c}|} \end{bmatrix}. \tag{7.2}$$

Die in der Transformationsmatrix enthaltenen Verschiebungen werden aus

$$\Delta x_A = x_A - x'_A, \; \Delta y_A = y_A - y'_A, \; \Delta z_A = z_A - z'_A . \tag{7.3}$$

ermittelt.

Zur Anpassung der Massen- und Steifigkeitsmatrizen an das globale Koordinatensystem ist lediglich eine Richtungstransformation vorzunehmen, da die Massenträgheiten und Steifigkeiten richtungs-, aber nicht ortsabhängig sind. Die Ableitung dieser Transformation folgt aus der Tatsache, daß im globalen wie im lokalen Koordinatensystem gelten muß

$$\boldsymbol{f} = \boldsymbol{C} \cdot \boldsymbol{v}, \text{ bzw. } \boldsymbol{f}' = \boldsymbol{C}' \cdot \boldsymbol{v}'. \tag{7.4}$$

Mit der Transformation der Kräfte und Verschiebungen $\boldsymbol{f} = \boldsymbol{T} \cdot \boldsymbol{f}'$ und $\boldsymbol{v} = \boldsymbol{T} \cdot \boldsymbol{v}'$ folgt

$$\boldsymbol{T} \cdot \boldsymbol{f} = \boldsymbol{C}' \cdot \boldsymbol{T} \cdot \boldsymbol{v}. \tag{7.5}$$

Da die Richtungstransformationsmatrix orthogonal ist, ist die inverse gleich der transponierten Matrix, so daß

$$\boldsymbol{C}' = \boldsymbol{T}^{\mathrm{T}} \cdot \boldsymbol{C} \cdot \boldsymbol{T}. \tag{7.6}$$

Diese Transformation ist in gleicher Weise auf die Massenmatrizen anzuwenden, wobei sich lediglich die Massen-Trägheits-, bzw. Zentrifugalmomente ändern, da die translatorische Massenwirkung der hier betrachteten Elemente grundsätzlich richtungsunabhängig ist. Damit können sowohl die in *ASDY*-FEM festgelegten Knotenpunkte als auch Massen- und Trägheitsparameter und die bereits zur NASTRAN-Berechnung definierten vollständigen Steifigkeitsmatrizen in das globale Werkzeugmaschinen-Koordinatensystem übertragen werden.

Das beschriebene Vorgehen kann für zusammengehörige Getriebewellen und das zugehörige Gehäuse, aber auch in mehreren Teilschritten für verschiedene Antriebs- bzw. Vorschubantriebsbaugruppen und die komplette Werkzeugmaschine erfolgen. Bei den hier betrachteten Kreissägen kann auf dieselbe Weise auch das Werkzeug modelliert, FE-vernetzt und mit der Sägeachse des dargestellten Getriebes gekoppelt werden. So werden auch die Wechselwirkungen zwischen den ausgeprägten Membranschwingungen des Sägeblatts und den dynamischen Eigenschaften der Reststruktur abgebildet. Als Ergebnis liegt ein FE-Datensatz vor, der die dynamischen Eigenschaften der wesentlichen Komponenten einer Werkzeugmaschine in einem einheitlichen Modell repräsentiert.

7.3.4 Berechnung und Darstellung

Zur Berechnung der Gesamtmodelle wird das bereits in Kapitel 5 erwähnte Programmsystem MSC/NASTRAN verwendet. Die Eignung zur Berechnung der Getriebestrukturen wurde nachgewiesen, die Berechnung kompletter Werkzeugmaschinen auf Basis von Dreieckelement-Modellen ist nach ALBERTZ (1994) ebenfalls mit guter Genauigkeit zur Konzeptbeurteilung möglich.

Zur Darstellung der Ergebnisse können zum einen sämtliche unter Kapitel 6 aufgeführten Formen verwendet werden, wenn die Nachgiebigkeits- bzw. Verformungswerte der Getriebeknotenpunkte aus den gesamten Ergebnisdaten herausgefiltert werden. In diesem Fall werden die Verformungen der Gehäusebauteile nicht explizit dargestellt, aber ihr Einfluß auf die Gesamtverformung wird mit berücksichtigt. Diese Darstellung ist in erster Linie für die Torsionsschwingungen des Antriebsstranges geeignet.

Zur Auswertung der Gesamtverformung von Werkzeugmaschine und Getriebe im Zusammenhang eignen sich Verformungsdiagramme. Diese zeigen die nachgiebigkeitsnormierten Eigenvektorkomponenten (Kenn-Nachgiebigkeits-Wurzeln) für jeden Knotenpunkt als Verlagerung gegenüber dem unverformten Zustand an. Aufgrund des bereits beschriebenen linearen Zusammenhangs zu Verformungen infolge sinusförmiger Anregung gibt diese Darstellung einen anschaulichen Eindruck vom Verformungszustand der Struktur bei den berechneten Eigenfrequenzen.

Die Beurteilung eines Maschinenentwurfs auf dieser Basis ermöglicht eine genaue Berücksichtigung unterschiedlicher Struktureigenschaften einer Maschine, wenn diese sich gegenseitig beeinflussen, d. h. wenn eine Einzelbeurteilung der Komponenten nicht die gewünschte Genauigkeit liefert.

7.4 Ergebnisse einer Beispielrechnung

Das beschriebene Vorgehen zur Berechnung kompletter Getriebestrukturen wurde im Rahmen dieser Arbeit prototypisch realisiert und an Beispielen erprobt.

Bild 7.8 zeigt das Verformungsbild für einen berechneten Getriebekasten mit einem Zwei-Wellen-Getriebe. Das Diagramm zeigt deutlich eine Biegeverformung beider Getriebewellen. Bei genauerer Analyse wird zusätzlich eine Verlagerung des Lagerdeckels auf der rechten Seite in Folge einer Bewegung in der Schraubenverbindung erkennbar. Die daraus resultierende höhere Nachgiebigkeit der Lagerung ist ohne Modellierung der Umbauteile nicht zu erfassen.

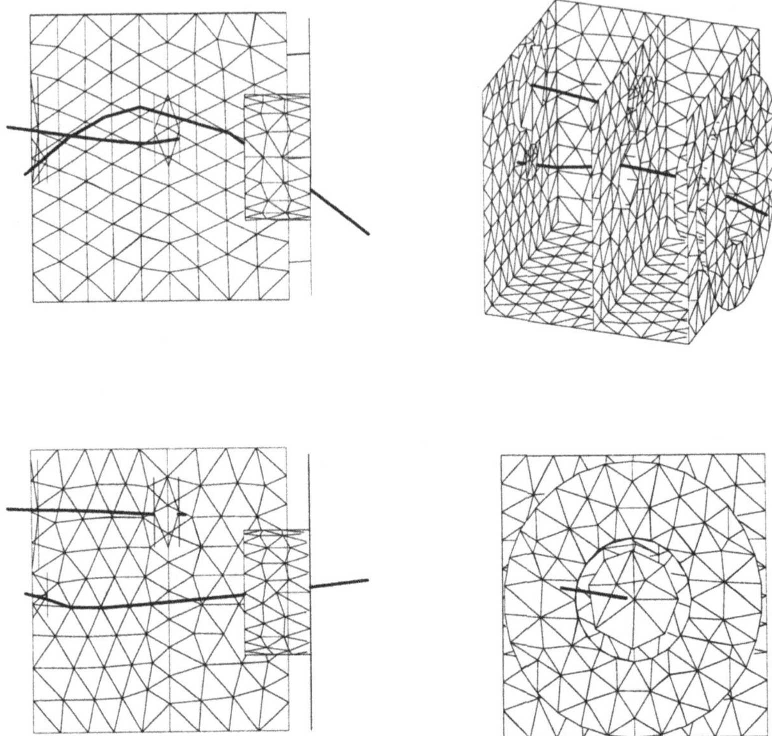

Bild 7.7. Verformungsdiagramme eines Beispielgetriebegehäuses mit Wellen, Eigenfrequenz f_e = 1924 Hz

Die durch die Kopplung der Wellen durch eine Schrägverzahnung zwangsläufig hervorgerufene Torsion der Wellen kann in dieser Gafik nicht, bzw. wenig anschaulich durch Einblenden von Betragspfeilen zur Angabe der Torsionsnachgiebigkeit dargestellt werden. Zur genaueren Analyse sind daher die zuvor beschriebenen Methoden zur Auswertung Darstellung der Torsions-Kenn-Nachgiebigkeits-Wurzeln anzuwenden.

Die Auswertungen zeigen, daß die ermittelten Eigenfrequenzen in gleicher Größenordnung liegen wie bei getrennter Berechnung, die Nachgiebigkeiten liegen etwas darüber.

Zusammenfassend kann festgestellt werden, daß die beschriebene Methode eine Verbindung von getrennt FE-modellierten Getriebe- und Gestellstrukturen bei sehr einfachem und auf die jeweiligen Teilkomponenten abgestimmten Modellaufbau erlaubt. Es ist damit möglich, die Anwendung der unterschiedlichen Berechnungsvarianten der konkreten Problemstellung anzupassen, ohne verschiedene Modellbildungsverfahren zu verwenden. Bei einfachen Strukturen ohne gegenseitige Beeinflussung der Komponenten kann getrennt gerechnet und anschließend überlagert werden, während zur Berücksichtigung komplexerer Effekte aus Werkzeugmaschine oder Werkzeug eine gemeinsame Berechnung mit geringem Mehraufwand zur Modellierung durchgeführt werden kann.

8 Zusammenfassung und Ausblick

Zur Beurteilung von Produktivität und Arbeitsgenauigkeit ist das dynamische Verhalten einer Werkzeugmaschine eines der entscheidenden Qualitätsmerkmale. Eine mangelhafte dynamische Steifigkeit begrenzt häufig die Leistungsfähigkeit oder die Bearbeitungsgenauigkeit einer Werkzeugmaschine. Das Maschinenverhalten ist dabei - je nach Maschinentyp - im einen Fall mehr von den Gestellkomponenten, im anderen mehr von den Getriebestrukturen abhängig. Beim Entwurf von Werkzeugmaschinen müssen diese Eigenschaften möglichst früh erkannt werden, denn je später im Verlaufe des Konzeptionsprozesses Schwächen im dynamischen Verhalten einer Maschine festgestellt werden, desto aufwendiger ist die Fehlerbehebung. Das zur Zeit übliche Testen am fertigen Prototyp stellt in dieser Hinsicht eine unzureichende Lösung dar. Die Anwendung von Berechnungs- und Simulationsprogrammen auf Basis der Finite-Elemente-Methode in der Konzeptphase wird in vielen Fällen jedoch durch die Komplexität der Systeme, zu hohen Modellierungsaufwand oder wenig aussagekräftige Interpretationsmöglichkeiten für die Berechnungsergebnisse erschwert.

In der vorliegenden Arbeit werden für die Bereiche Konzeptmodellierung, Dämpfungsberücksichtigung, FEM-Berechnung, Beurteilung bzw. Schwachstellenanalyse und Gesamtmodellierung von Gestell und Getriebe verschiedene Lösungen erarbeitet, die schrittweise zur Realisierung der Ideallösung - vollständige Datenintegration der Teilmodelle Geometrie und Analyse - umgesetzt werden können. Im praktischen Einsatz kann daraus die jeweils problemadäquate Vorgehensweise ausgewählt werden. Auf diese Weise wird sichergestellt, daß mit möglichst geringem Aufwand gute Resultate bei der Bewertung erzielt werden.

Bei dem vorgestellten Programmsystem ist die FE-Modellbildung von Getriebestrukturen in ein CAD-Entwurfssystem integriert. Durch den an einfachen gentriebespezifischen Grundelementen orientierten Aufbau von Konzeptmodellen in einem System, dem Regeln zur Strukturunterteilung in finite Elemente hinterlegt sind, werden im Zuge der groben Skizzierung eines Getriebes alle erforderlichen Daten zur FE-Berechnung erlangt. Die anschauliche Darstellung im 2D- oder 3D-Entwurfssystem sichert die Kontrolle der richtigen Geometriedefinition. Durch die Verwendung von einfachen Balken-, Massen- und Federelementen werden sehr effiziente FE-Modelle erzeugt, die bei kurzen Rechenzeiten ausreichend genaue Ergebnisse liefern.

Die Berechnung der FE-Modelle selbst geschieht entweder mit einem Ein-Zweck-Berechnungsprogramm speziell für Getriebestrukturen, oder, nach entsprechender Umsetzung, mit einem kommerziellen Mehr-Zweck-FEM-Berechnungssystem. Beide Systeme weisen ein sehr gutes Konvergenzverhalten auf und liefern übereinstimmende Ergebnisse. Das kommerzielle Standardsystem bietet die Möglichkeit, die Getriebestrukturen mit getrennten, im CAD-System erzeugten FE-Modellen der Gestellkomponenten zu koppeln. Damit können - wenn erforderlich - Getriebestrukturen und Gestellbauteile von Werkzeugmaschinen in gegenseitiger Wechselwirkung berechnet werden. Das Ein-Zweck-Programm bietet dagegen den Vorteil, daß mit nochmals deutlich geringerem Rechenaufwand die erforderliche Genauigkeit erreicht wird. Damit kann dieses System auch auf weniger leistungsfähigen Plattformen (PC) betrieben werden.

Aufgrund der hohen Komplexität der berechneten Strukturen und der Unsicherheit der physikalischen Parameter, insbesondere der Dämpfung, ist eine vollständige Übereinstimmung zwischen Rechnung und realem Verhalten nicht erreichbar. Die Zielsetzung des Einsatzes der Dynamik-Berechnung in der Konzeptphase ist daher in erster Linie der Vergleich verschiedener Entwürfe zur Auswahl der optimalen Variante aus einer Lösungsmenge und die Unterscheidung der Schwachstellen verschiedener Entwürfe. Die erreichbare Genauigkeit der Berechnung ist ausreichend für den geschilderten Einsatzbereich. Zur Nachrechnung einzelner bestehender Konstruktionen, z. b. bei konkreten Störfällen, können die Modelle anhand von experimentell aufgenommenen Meßwerten angepaßt werden, so daß im Bedarfsfall sogar eine Beurteilung und Schwachstellenanalyse mit sehr guter Genauigkeit möglich ist.

Der anschaulichen Darstellung der Berechnungsergebnisse zur Beurteilung und ggf. Schwachstellenanalyse eines Entwurfs kommt beim Einsatz in der Entwicklung erhebliche Bedeutung zu. Da als Ergebnisse zunächst lediglich abstrakte Zahlenreihen vorliegen, werden deshalb verschiedene Methoden vorgestellt, mit denen eine Bewertung des Entwurfs anhand praxisorientierter Kriterien durchgeführt werden kann. Die Schwachstellenanalyse erfolgt schrittweise von der Untersuchung des Gesamtgetriebes bis hin zur Betrachtung der Einzelwellen, bzw. der verwendeten Maschinenelemente. Durch die einfache Änderung der Modellparameter und die schnelle Berechnung können konstruktive Variationen in kurzer Zeit eingebracht und auf ihre Wirksamkeit überprüft werden. Die Verwendung der berechneten modalen Parameter zur Aufstellung dynamischer Prozeßmodelle für die Simulation der Wechselwirkungen zwischen der Maschinendynamik und dem Zerspanprozeß stellt eine am praktischen Einsatz der entworfenen Werkzeugmaschinen orientierte Beurteilungsmöglichkeit dar.

Da Getriebestrukturen nur einen Teil des mechanischen Grundaufbaus einer Werkzeugmaschine bilden, wird eine Methode zur einfachen Kopplung von Getriebe und Gestellstruktur vorgestellt. Damit können auch die Wechselwirkungen dieser beiden Hauptbaugruppen berechnet und beurteilt werden.

Als wesentliche Erweiterung dieses Vorgehens ist zusätzlich die Berücksichtigung der Eigenschaften der elektrischen Komponenten der Antriebsregelung notwendig. Diese Ergänzung wird es möglich machen, auch die wichtigen Wechselwirkungen zwischen den Eigenfrequenzen der schwingungsfähigen Mechanik und den Eigenschaften der Antriebsregelung zu beurteilen und optimal aufeinander abzustimmen. Die Dynamik-Simulation wird damit wesentlich dazu beitragen, die Entwicklungszeiten zu verkürzen und die Qualität des ersten Entwurfs zu verbessern. Ziel solcher Arbeiten muß allerdings immer die auf das jeweilige Problem abgestimmte Modellierung der Gesamtheit aller Komponenten bzw. Effekte sein, da ihre vollständige Berücksichtigung mit höchstmöglicher Genauigkeit in einem einzigen Gesamtmodell nicht zum Erfolg führen wird.

9 Literaturverzeichnis

ABELN, O.:

Die CA...-Techniken in der industriellen Praxis. München: Hanser 1990.

ALBERTZ, F.:

Entwurf von Gestellstrukturen unter Berücksichtigung des dynamischen Verhaltens. München: TU, Lehrstuhl für Werkzeugmaschinen und Betriebswissenschaften, Seminar "Konstruktion von Werkzeugmaschinen - Dynamik berechnen und verbessern" 1993.

ALBERTZ, F.:

Werkzeugmaschinen dynamikgerecht entwerfen. In: Die Neue Fabrik. Landsberg: Moderne Industrie 1994. (mi-Sonderpublikation)

ANGELL, I. O.:

Graphische Datenverarbeitung. München: Hanser 1983.

AWK AACHENER WERKZEUGMASCHINEN-KOLLOQUIUM (Hrsg.) 1990:

Konstruktive Gestaltung und Realisierung von Produktionsanlagen. In: Wettbewerbsfaktor Produktionstechnik. Düsseldorf: VDI-Verlag 1990, S. 267 - 307.

AWK AACHENER WERKZEUGMASCHINEN-KOLLOQUIUM (Hrsg.) 1993:

Der Konstruktionsarbeitsplatz der Zukunft - Vom Entwurf zur NC-Programmierung. In: Wettbewerbsfaktor Produktionstechnik. Düsseldorf: VDI-Verlag 1993, S. 2-33 - 2-69.

BAUER, C.-U.:

Optimierung der Konstruktion von Werkzeugmaschinengestellen mit Hilfe von Finite-Element-Berechnungen. Hamburg: TU, Diss. 1991.

BATHE, K.-J.:

Finite-Elemente-Methoden. Berlin: Springer 1990.

BLEVINS, R. D.:

Formulas for natural frequency and mode shape. Malabar: Robert E. Krieger Publishing Co. 1984.

BÖHM, R.:

Beitrag zum Torsionsschwingungsverhalten von Werkzeugmaschinenantrieben mit Zahnschaltgetrieben. München: TU, Diss. 1976.

BONG, H.-B.:

Erweiterte Verfahren zur Berechnung von Stirnradgetrieben auf der Basis numerischer Simulationen und der Methode finiter Elemente. Aachen: RWTH, Diss. 1990.

COLLINS, R. J.:

Bandwith reduction by automatic renumbering. International Journal for Numerical Methods 6 (1973), S. 345 - 356.

DANEK, O.; POLACEK, M.; SPACEK, L.; TLUSTY, J.:

Selbsterregte Schwingungen an Werkzeugmaschinen. Berlin: VEB Verlag Technik 1962.

DIN 66217:

Koordinatenachsen und Bewegungsrichtungen für numerisch gesteuerte Arbeitsmaschinen. Berlin: Beuth 1975.

EHRLENSPIEL, K.; GÜNTHER, J.; STOLL, G.:

Empirische Untersuchung der Feature-Anwendung beim Konstruieren - Ansätze zur Weiterentwicklung von CAD-Systemen. In: Datenverarbeitung in derKonstruktion '94. Düsseldorf: VDI-Verlag 1994, S. 39 - 59. (VDI-Berichte 1148)

EIBELSHÄUSER, P.:

Rechnerunterstützte experimentelle Modalanalyse mittels gestufter Sinusanregung. Berlin: Springer 1990. (iwb-Forschungsbericht Bd. 26)

EISPACK (Hrsg.):

Matrix Eigensystem Routines - Eispack Guide. Berlin: Springer 1976.

EUBERT, P.:

Starke Konzeptionsphase: Optimierung elektrischer Vorschubantriebe für NC-Systeme. In: Die Neue Fabrik. Landsberg: Moderne Industrie1988. (mi-Sonderpublikation)

EUBERT, P.:

Digitale Zustandsregelung elektrischer Vorschubantriebe. Berlin: Springer 1992. (iwb-Forschungsbericht Bd. 51)

EUBERT, P.:

Hybride Modellbildung elektrischer Vorschubantriebe. München: TU, Lehrstuhl für Werkzeugmaschinen und Betriebswissenschaften, Seminar" Vorschubantriebssysteme von Werkzeugmaschinen - Entwicklungspotentiale und Optimierungsmöglichkeiten" 1993.

FINKE, R.:

Berechnung des dynamischen Verhaltens von Werkzeugmaschinen. Aachen: RWTH, Diss. 1977.

GASCH, R; KNOTHE, K.:

Strukturdynamik. Bd. 2: Kontinua und ihre Diskretisierung. Berlin: Springer 1989.

GEBHARDT, W.:

Schwingungsverhalten von Werkzeugmaschinenantrieben. Theoretische und experimentelle Analyse unter Berücksichtigung der Biegeschwingungen und des Einflusses des Antriebsmotors. Stuttgart: U, Diss. 1981.

GERBER, H.:

Innere dynamische Zusatzkräfte bei Stirnradgetrieben. München: TU, Diss. 1984.

GOLD, P. W.:

Statisches und dynamisches Verhalten mehrstufiger Zahnradgetriebe. Aachen: RWTH, Diss. 1979.

GRABOWSKI, H.; ANDERL, R.; POLLY, A.:

Integriertes Produktmodell. Berlin: Beuth 1993.

GRGIC, A.:

Das Getriebemodell bei Schwingungsrechnungen - eine Herausforderung für den Berechner. In: Abkoppeln von Drehschwingungen bei Kfz- und Industriegetrieben. Düsseldorf: VDI-Verlag 1988. (VDI-Berichte 697)

GRUNAU, A.; GIESE, P.:

Schwingungsverhalten von Linearwälzführungen. Konstruktion 43 (1991) Nr. 3, S. 97 - 104.

HECKMANN, A.:

Zerlegungs- und Vernetzungsverfahren für die automatische Finite-Elemente-Modellierung. Aachen: RWTH, Diss. 1992.

HEIMANN, A.:

Anwendung der Methode Finiter Elemente auf die Berechnung und Auslegung von Gestellbauteilen. Aachen: RWTH, Diss. 1977.

HELPENSTEIN, H.:

Wege zur rationellen Berechnung des dynamischen Verhaltens mechanischer Strukturen. Aachen: RWTH, Diss. 1983.

HOLZWEIßIG, F.; DRESIG, H.:

Lehrbuch der Maschinendynamik. Leipzig: VEB Fachbuchverlag 1982.

KAISER, J.:

Wissensrepräsentation durch Constraints in parametrisierten Produktmodellen. In: Rechnerunterstützte Wissensverarbeitung in Entwicklung und Konstruktion. Düsseldorf: VDI-Verlag 1993, S. 153 - 165. (VDI-Berichte 1079)

KIEHL, W.:

Die Biegelinienanalyse - ein Verfahren zur Schwachstellenlokalisierung. Düsseldorf: VDI-Verlag 1984. (Fortschrittberichte VDI-Z Reihe 11 Nr. 56)

KIRCHKNOPF, P.:

Ermittlung modaler Parameter aus Übertragungsfrequenzgängen. Berlin: Springer 1989. (iwb-Forschungsbericht Bd. 20)

KLEIN, B.:

FEM: Grundlagen und Anwendungen der Finite-Elemente-Methode. Braunschweig: Vieweg 1990.

KOEPFER, T.:

3D-grafisch-interaktive Arbeitsplanung - ein Ansatz zur Aufhebung der Arbeitsteiligkeit. Berlin: Springer 1991. (iwb-Forschungsbericht Bd. 40)

KRÄMER, E.:

Maschinendynamik. Berlin: Springer 1986.

KÜCÜKAY, F.:

Über das dynamische Verhalten von einstufigen Zahnradgetrieben. Düsseldorf: VDI-Verlag 1981. (Fortschrittberichte VDI-Z Reihe 11 Nr. 43)

KÜCÜKAY, F.:

Dynamik der Zahnradgetriebe. Berlin: Springer 1987.

LASCHET, A.:

Simulation von Antriebssystemen. Berlin: Springer 1988.

LANCZOS, C.:

An iteration method for the solution of the eigenvalue problem of linear differential and integral operators. J. Res. Nat. Bur. Stand. 45 (1950), S. 255-282.

MAULHARDT, U.:

Dynamisches Verhalten von Kreissägen. Berlin: Springer 1991. (iwb-Forschungsbericht Bd. 38)

MACNEAL SCHWENDLER CORPORATON (Hrsg.):

NASTRAN User Manual. Los Angeles 1991.

MILBERG, J.:

Analytische und experimentelle Untersuchungen zur Stabilitätsgrenze bei der Drehbearbeitung. Berlin: TU, Diss. 1971.

MILBERG, J. (1992a):

Effizienz- und Qualitätssteigerung bei der Produkt- und Produktionsgestaltung. In: Markt, Arbeit und Fabrik. Mut zum industriellen Aufbruch in Ost und West. Berlin: Produktionstechnisches Kolloquium 1992, S. 59 - 66.

MILBERG, J. (Bd.-Hrsg., 1992b):

Von CAD/CAM zu CIM. Berlin: Springer; Köln: Verlag TÜV Rheinland 1992. (CIM-Fachmann, Hrsg. I. Bey)

MILBERG, J. (1992c):

Werkzeugmaschinen-Grundlagen. Berlin: Springer 1992.

MILBERG, J.; KAISER, J.:

Parametrisierte Modellbausteine als Grundlage für ein integriertes Produktmodell. VDI-Z 135 (1993) 8, S. 98 - 101.

MILBERG, J.; KOEPFER, T.:

Wettbewerbsvorteile durch rechnerintegrierte Konstruktion und Produktion. In: Rechnerintegrierte Konstruktion und Produktion. Düsseldorf: VDI-Verlag 1990, S. 1 - 25. (VDI-Bericht Nr. 830)

MILBERG, J.; SUMMER, H.:

Rechnerische und experimentelle Modalanalyse einer Werkzeugmaschinen-Antriebsstruktur. VDI-Z 127 (1985) 7, S. 253 - 258.

MÖLLERS, W.:

Parametererregte Schwingungen in einstufigen Zylinderradgetrieben. Einfluß von Verzahnungsabweichungen und Verzahnungssteifigkeitsspektren. Aachen: RWTH, Diss. 1982.

MÜLLER, J.; PRAß, P.; BEITZ, W.:

Modelle beim Konstruieren. Konstruktion 44 (1992), S. 319 - 324.

MÜLLER, R.-D.:

Statische und dynamische Analyse von Werkzeugmaschinenantrieben und Zahnradgetrieben. München: TU, Diss. 1980.

NIEMANN, G.; WINTER, H.:

Maschinenelemente. Bd. 2: Getriebe allgemein, Zahnradgetriebe - Grundlagen, Stirnradgetriebe. 2. Aufl. Berlin: Springer 1983.

ÖZGÜVEN, H. N.; HOUSER, D. R.:

Mathematical models used in gear dynamics - a review. Journal of Sound and Vibration 121 (1988) 3, S. 383 - 411.

PAHL, G.; BEITZ, W.:

Konstruktionslehre. Berlin: Springer 1977.

PETUELLI, G.:

Theoretische und experimentelle Bestimmung der Steifigkeits- und Dämpfungseigenschaften normalbelasteter Fügestellen. Aachen: RWTH, Diss. 1983.

PFOB, E.:

Visuelle Schwachstellenanalyse von Vorschubantrieben. München: TU, Lehrstuhl für Werkzeugmaschinen und Betriebswissenschaften, Seminar "Vorschubantriebssysteme von Werkzeugmaschinen - Entwicklungspotentiale und Optimierungsmöglichkeiten" 1993.

REIMANN, N.:

Integration von Entwurf, Konstruktion und Berechnung. CAD-CAM-Report (1991) 5, S. 102 - 104.

SAUERER, CH.:

Beitrag für ein Zerspanprozeßmodell Metallbandsägen. Berlin: Springer 1990.

SCHMIDT, B.:

"Was tut man, wenn man simuliert?" Versuch einer Begriffsbestimmung. In: Proceedings 3. Symposium Simulationstechnik, Hrsg. Möller, D.P.F.. Berlin: Springer 1985, S. 104 - 111. (Informatik-Fachberichte 109)

SIMON, W.:

Elektrische Vorschubantriebe an NC-Systemen. Berlin: Springer 1986. (iwb-Forschungsbericht Bd. 5)

STRELLER, R.:

Rechnerunterstütztes Konstruieren von Werkzeugmaschinenantrieben. Stuttgart: U, Diss. 1982.

SUMMER, H.:

Modell zur Berechnung verzweigter Antriebsstrukturen. Berlin: Springer 1986.
(iwb-Forschungsbericht Bd. 4)

TEIPEL, K.:

Beurteilung der dynamischen Nachgiebigkeit spanender Werkzeugmaschinen. Aachen: RWTH, Diss. 1977.

TOBIAS, S. A.:

Schwingungen an Werkzeugmaschinen. München: Hanser 1961.

VDG VEREIN DEUTSCHER GIESSEREIFACHLEUTE:

Optimierung von Gußbauteilen hinsichtlich Festigkeit und Steifigkeit. Düsseldorf: Forschungsbericht 1991. (AIF-Nr.7369)

VDI-RICHTLINIE 2222, Blatt 1:

Konstruktionsmethodik - Konzipieren technischer Produkte. Düsseldorf: VDI-Verlag 1977.

VDW VEREIN DEUTSCHER WERKZEUGMASCHINENFABRIKEN:

Beurteilung des statischen und dynamischen Nachgiebigkeitsverhaltens spanender Werkzeugmaschinen. Aachen: Forschungsbericht 1978. (VDW-Nr. 0127)

WECK, M.:

Werkzeugmaschinen. Bd. 4: Meßtechnische Untersuchung und Beurteilung. 2. Aufl. Düsseldorf: VDI-Verlag 1985.

WECK, M. (1992a):

Moderne Leistungsgetriebe. Verzahnungsauslegung und Betriebsverhalten. Berlin: Springer 1992.

WECK, M. (1992b):

Produktentwicklung im Werkzeugmaschinenbau. In: Markt, Arbeit und Fabrik. Mut zum industriellen Aufbruch in Ost und West. Berlin: Produktionstechnisches Kolloquium 1992, S. 72 - 80.

WECK, M.; TEIPEL, K.:
Dynamisches Verhalten spanender Werkzeugmaschinen. Berlin: Springer 1977.

WINKLER, A.:
Über das dynamische Verhalten schnellaufender Zylinderradgetriebe. Aachen: RWTH, Diss. 1975.

WOLF, W.:
Rechnerunterstützte Auslegung mehrstufiger Zahnradgetriebe. Stuttgart: U, Diss. 1975.

ZÄH, M.:
Dynamisches Prozeßmodell Kreissägen. Berlin: Springer 1994. (iwb-Forschungsbericht Bd. xx)

ZURMÜHL, R.; FALK, S.:
Matrizen und ihre Anwendungen. Teil 2: Numerische Methoden. Berlin: Springer 1986.

iwb Forschungsberichte

Berichte aus dem Institut für Werkzeugmaschinen und Betriebswissenschaften der Technischen Universität München

Herausgeber: Prof. Dr.-Ing. J. Milberg und Prof. Dr.-Ing. G. Reinhart

---

1 **Streifinger, E.**
Beitrag zur Sicherung der Zuverlässigkeit und Verfügbarkeit moderner Fertigungsmittel
1986. 72 Abb. 167 Seiten, ISBN 3-540-16391-3 — 68,- DM

2 **Fuchsberger, A.**
Untersuchung der spanenden Bearbeitung von Knochen
1986. 90 Abb. 175 Seiten, ISBN 3-540-16392-1 — 68,- DM

3 **Maier, C.**
Montageautomatisierung am Beispiel des Schraubens mit Industrierobotern
1986. 77 Abb. 144 Seiten, ISBN 3-540-16393-X — 68,- DM

4 **Summer, H.**
Modell zur Berechnung verzweigter Antriebsstrukturen
1986. 74 Abb. 197 Seiten, ISBN 3-540-16394-8 — 68,- DM

5 **Simon, W.**
Elektrische Vorschubantriebe an NC-Systemen
1986. 141 Abb. 198 Seiten, ISBN 3-540-16693-9 — 68,- DM

6 **Büchs, S.**
Analytische Untersuchungen zur Technologie der Kugelbearbeitung
1986. 74 Abb. 173 Seiten, ISBN 3-540-16694-7 — 68,- DM

7 **Hunzinger, I.**
Schneiderodierte Oberflächen
1986. 79 Abb. 162 Seiten, ISBN 3-540-16695-5 — 68,- DM

8 **Pilland, U.**
Echtzeit-Kollisionsschutz an NC-Drehmaschinen
1986. 54 Abb. 127 Seiten, ISBN 3-540-17274-2 — 68,- DM

9 **Barthelmeß, P.**
Montagegerechtes Konstruieren durch die Integration von Produkt- und Montageprozeßgestaltung
1987. 70 Abb. 144 Seiten, ISBN 3-540-18120-2 — 68,- DM

10 **Reithofer, N.**
Nutzungssicherung von flexibel automatisierten Produktionsanlagen
1987. 84 Abb. 176 Seiten, ISBN 3-540-18440-6 — 68,- DM

11 **Diess, H.**
Rechnerunterstützte Entwicklung flexibel automatisierter Montageprozesse
1988. 56 Abb. 144 Seiten, ISBN 3-540-18799-5 — 73,- DM

12 **Reinhart, G.**
Flexible Automatisierung der Konstruktion
und Fertigung elektrischer Leitungssätze
1988, 112 Abb. 197 Seiten, ISBN 3-540-19003-1 73,- DM

13 **Bürstner, H.**
Investitionsentscheidung in der rechnerintegrierten Produktion
1988, 77Abb. 190 Seiten, ISBN 3-540-19099-6 73,- DM

14 **Groha, A.**
Universelles Zellenrechnerkonzept für flexible Fertigungssysteme
1988, 74 Abb. 153 Seiten, ISBN 3-540-19182-8 73,- DM

15 **Riese, K.**
Klipsmontage mit Industrierobotern
1988, 92 Abb. 150 Seiten, ISBN 3-540-19183-6 73,- DM

16 **Lutz, P.**
Leitsysteme für rechnerintegrierte Auftragsabwicklung
1988, 44 Abb. 144 Seiten, ISBN 3-540-19260-3 73,- DM

17 **Klippel, C.**
Mobiler Roboter im Materialfluß eines flexiblen Fertigungssystems
1988, 86 Abb. 164 Seiten, ISBN 3-540-50468-0 73,- DM

18 **Rascher, R.**
Experimentelle Untersuchungen zur Technologie der Kugelherstellung
1989, 110 Abb. 200 Seiten, ISBN 3-540-51301-9 73,- DM

19 **Heusler, H.-J.**
Rechnerunterstutzte Planung flexibler Montagesysteme
1989, 43 Abb. 154 Seiten, ISBN 3-540-51723-5 73,- DM

20 **Kirchknopf, P.**
Ermittlung modaler Parameter aus Übertragungsfrequenzgängen
1989, 57 Abb. 157 Seiten, ISBN 3-540-51724 73,- DM

21 **Sauerer, Ch.**
Beitrag für ein Zerspanprozeßmodell Metallbandsägen
1990, 89 Abb. 166 Seiten, ISBN 3-540-51868-1 78,- DM

22 **Karstedt, K.**
Positionsbestimmung von Objekten in der Montage-
und Fertigungsautomatisierung
1990, 92 Abb. 157 Seiten, ISBN 3-540-51879-7 78,- DM

23 **Peiker, St.**
Entwicklung eines integrierten NC-Planungssystems
1990, 66 Abb. 180 Seiten, ISBN 3-540-51880-0 78,- DM

24 **Schugmann, R.**
Nachgiebige Werkzeugaufhängungen für die automatische Montage
1990. 71 Abb. 155 Seiren, ISBN 3-540-52138-0 78,- DM

25 Wrba, P
Simulation als Werkzeug in der Handhabungstechnik
1990, 125 Abb., 178 Seiten, ISBN 3-540-52231-X 78,- DM

26 Eibelshäuser, P
Rechnerunterstützte experimentelle Modalanalyse
mitells gestufter Sinusanregung
1990, 79 Abb., 156 Seiten, ISBN 3-540-52451-7 78,- DM

27 Prasch, J.
Computerunterstützte Planung von chirurgischen Eingriffen
in der Orthopädie
1990, 113 Abb., 164 Seiten, ISBN 3-540-52543-2 78,- DM

28 Teich, K.
Prozeßkommunikation und Rechnerverbund in der Produktion
1990, 52 Abb., 158 Seiten, ISBN 3-540-52764-8 78,- DM

29 Pfrang, W.
Rechnergestützte und graphische Planung manueller
und teilautomatisierter Arbeitsplätze
1990, 59 Abb., 153 Seiten, ISBN 3-540-52829-6 78,- DM

30 Tauber, A.
Modellbildung kinematischer Stukturen
als Komponente der Montageplanung
1990, 93 Abb., 190 Seiten, ISBN 3-540-52911-X 78,- DM

31 Jäger, A.
Systematische Planung komplexer Produktionssysteme
1991, 75 Abb., 148 Seiten, ISBN 3-540-53021-5 78,- DM

32 Hartberger, H.
Wissensbasierte Simulation komplexer Produktionssysteme
1991, 58 Abb., 154 Seiten, ISBN 3-540-53326-5 78,- DM

33 Tuczek H.
Inspektion von Karosseriepreßteilen auf Risse und Einschnürungen
mittels Methoden der Bildverarbeitung
1992, 125 Abb., 179 Seiten, ISBN 3-540-53965-4 88,- DM

34 Fischbacher, J.
Planungsstrategien zur strömungstechnischen Optimierung
von Reinraum-Fertigungsgeräten
1991, 60 Abb., 166 Seiten, ISBN 3-540-54027-X 78,- DM

35 Moser, O.
3D-Echtzeitkollisionsschutz für Drehmaschinen
1991, 66 Abb., 177 Seiten, ISBN 3-540-54076-8 78,- DM

36 Naber, H.
Aufbau und Einsatz eines mobilen Roboters mit
unabhängiger Lokomotions- und Manipulationskomponente
1991, 85 Abb., 139 Seiten, ISBN 3-540-54216-7 78,- DM

37 Kupec, Th.
Wissensbasiertes Leitsystem zur Steuerung flexibler Fertigungsanlagen
1991, 68 Abb., 150 Seiten, ISBN 3-540-54260-4 78,- DM

38 **Maulhardt, U.**
Dynamisches Verhalten von Kreissägen
1991, 109 Abb., 159 Seiten, ISBN 3-540-54365-1 78,– DM

39 **Götz, R.**
Stukturierte Planung flexibel automatisierter Montagesysteme
fur flachige Bauteile
1991, 86 Abb., 201 Seiten, ISBN 3-540-54401-1 78,– DM

40 **Koepfer, Th.**
3D-grafisch-interaktive Arbeitsplanung – ein Ansatz
zur Aufhebung der Arbeitsteilung
1991, 74 Abb., 126 Seiten, ISBN 3-540-54436-4 78,– DM

41 **Schmidt, M.**
Konzeption und Einsatzplanung flexibel automatisierter
Montagesysteme
1992, 108 Abb., 168 Seiten, ISBN 3-540-55025-9 88,– DM

42 **Burger, C.**
Produktionsregelung mit entscheidungsunterstützenden
Informationssystemen
1992, 94 Abb., 186 Seiten, ISBN 5-540- 55187-5 88,– DM

43 **Hoßmann, J.**
Methodik zur Planung der automatischen Montage von nicht
formstabilen Bauteilen
1992, 73 Abb., 168 Seiten, ISBN 3-540-5520-0 88,– DM

44 **Petry, M.**
Systematik zur Entwicklung eines modularen Programm-
baukastens für robotergeführte Klebeprozesse
1992, 106 Abb., 139 Seiten ISBN 3-540-55374-6 88,– DM

45 **Schönecker, W.**
Integrierte Diagnose in Produktionszellen
1992, 87 Abb., 159 Seiten, ISBN 3-540-55375-4 88,– DM

46 **Bick, W.**
Systematische Planung hybrider Montagesyste unter
Berücksichtigung der Ermittlung des optimalen Automatisierungsgrades
1992, 70 Abb., 156 Seiten ISBN 3-540-55377-0 88,– DM

47 **Gebauer, L.**
Prozeßuntersuchungen zur automatisierten Montage
von optischen Linsen
1992, 84 Abb., 150 Seiten, ISBN 3-540- 55378-9 88,– DM

48 **Schrüfer, N.**
Erstellung eines 3D-Simulationssystems zur Reduzierung
von Rustzeiten bei der NC-Bearbeitung
1992, 103 Abb., 161 Seiten, ISBN 3-540-55431-9 88,– DM

49 **Wisbacher, J.**
Methoden zur rationellen Automatisierung der Montage
von Schnellbefestigungselementen
1992, 77 Abb., 176 Seiten, ISBN 3-540-55512-9 88,– DM

50 **Garnich. F.**
Laserbearbeitung mit Robotern
1992, 110 Abb., 184 Seiten, ISBN 3-540- 55513-7 88,– DM

51 **Eubert, P.**
Digitale Zustandsregelung elektrischer Vorschubantriebe
1992, 89 Abb., 159 Seiten, ISBN 3-540-44441-2 — 88,- DM

52 **Glaas, W.**
Rechnerintegrierte Kabelsatzfertigung
1992, 67 Abb., 140 Seiten, ISBN 3-540-55749-0 — 88,- DM

53 **Helml, H.J.**
Ein Verfahren zur on-line Fehlererkennung und Diagnose
1992, 60 Abb., 153 Seiten, ISBN 3-540-55750-4 — 88,- DM

54 **Lang, Ch.**
Wissensbasierte Unterstützung der Verfügbarkeitsplanung
1992, 75 Abb., 150 Seiten, ISBN 3-540-55751-2 — 88,- DM

55 **Schuster, G.**
Rechnergestütztes Planungssystem für die flexibel automatisierte Montage
1992, 67 Abb., 135 Seiten, ISBN 3-540-55830-6 — 88,- DM

56 **Bomm, H.**
Ein Ziel- und Kennzahlensystem zum Investitionscontrolling komplexer Produktionssysteme
1992, 87 Abb., 195 Seiten, ISBN 3-540-55964-7 — 88,- DM

57 **Wendt, A.**
Qualitätssicherung in flexibel automatisierten Montagesystemen
1992, 74 Abb., 179 Seiten, ISBN 3-540-56044-0 — 88,- DM

58 **Hansmaier, H.**
Rechnergestütztes Verfahren zur Geräuschminderung
1993, 67 Abb., 156 Seiten, ISBN 3-540-56043-2 — 88,- DM

59 **Dilling, U.**
Planung von Fertigungssystemen unterstützt durch Wirtschaftlichkeitssimulation
1993, 72 Abb., 146 Seiten, ISBN 3-540-56307-5 — 88,- DM

60 **Strohmayr, R.**
Rechnergestützte Auswahl und Konfiguration von Zubringeeinrichtungen
1993, 80 Abb., 152 Seiten, ISBN 3-540-56652-X — 88,- DM

61 **Glas, J.**
Standardisierter Aufbau anwendungsspezifischer Zellenrechnersoftware
1993, 80 Abb., 145 Seiten, ISBN 3-540-56890-5 — 88,- DM

62 **Stetter, R.**
Rechnergestützte Simulationswerkzeuge zur Effizienzsteigerung des Industrierobotereinsatzes
1994, 91 Abb., 146 Seiten, ISBN 3-540-568891 — 88,- DM

63 **Dirndorfer, A.**
Robotersysteme zur förderbandsynchronen Montage
1993, 76 Abb, 144 Seiten, ISBN 3-540-57031-4 — 88,- DM

64 **Wiedemann, M.**
Simulation des Schwingungsverhaltens spanender Werkzeugmaschinen
1993, 81 Abb., 137 Seiten, ISBN 3-540-57177-9 — 88,- DM

65 **Woenckhaus, Ch.**
Rechnergestutztes System zur automatisierten 3D-Layoutoptimierung
1994, 81 Abb., 140 Seiten,ISBN 3540-57284-8 — 88,- DM

66 **Kummetsteiner, G.**
3D-Bewegungssimulation als integratives Hilfsmittel zur Planung manueller Montagesysteme
1994, 62 Abb.; 146 Seiten, ISBN 3-540-57535-9 — 88,- DM

67 **Kugelmann, F.**
Einsatz nachgiebiger Elemente zur wirtschaftlichen Automatisierung von Produktionssystemen
1993, 76 Abb., 144 Seiten, ISBN 3-540-57549-9 — 88,– DM

68 **Schwarz, H.**
Simulationsgestützte CAD/CAM-Kopplung für die 3D-Laserbearbeitung mit integrierter Sensorik
1994, 96 Abb., 148 Seiten, ISBN 3-540-57577-4 — 88,– DM

69 **Viethen, U.**
Systematik zum Prufen in Flexiblen Fertigungssytemen
1994, 70 Abb., 142 Seiten, ISBN 3-540-57794-7 — 88,– DM

70 **Seehuber, M.**
Automatische Inbetriebnahme geschwindigkeitsadaptiver Zustandsregler
1994, 72 Abb., 155 Seiten, ISBN 3-540-57896-X — 88,– DM

71 **Amann, W.**
Eine Simulationsumgebung für Planung und Betrieb von Produktionssystemen
1994, 71 Abb., 129 Seiten, ISBN 3-540-57924-9 — 88,– DM

73 **Welling, A.**
Effizienter Einsatz bildgebender Sensoren zur Flexibilisierung automatisierter Handhabungsvorgänge
1994, 66 Abb., 139 Seiten, ISBN 3-540-580-0 — 88,– DM

74 **Zetlmayer, H,**
Verfahren zur simulationsgestützen Produktionsregelung in der Einzel- und Kleinserienproduktion
1994, 62 Abb., 143 Seiten, ISBN 3-540-58134-0 — 88,– DM

75 **Lindl, M.**
Auftragsleittechnik für Konstruktion und Arbeitsplanung
1994, 66 Abb,. 147 Seiten, ISBN 3-540-58221-5 — 88,– DM

76 **Zipper, B.**
Das integrierte Betriebsmittelwesen – Baustein einer flexiblen Fertigung
1994, 64 Abb., 147 Seiten, ISBN 3-540-58222-3 — 88,– DM

77 **Raith, P.**
Programmierung und Simulation von Zellenabläufen in der Arbeitsvorbereitung
1995, 51 Abb., 130 Seiten, ISBN 3-540-58223-1 — 88,– DM

78 **Engel, A.**
Strömungstechnische Optimierung von Produktionssystemen durch Simulation
1994, 69 Abb., 160 Seiten, ISBN 3-540-58258-4 — 88,– DM

79 **Zäh, M. F.**
Dynamisches Prozeßmodell Kreissägen
1995, 95 Abb., 186 Seiten, ISBN 3-540-58624-5 88,– DM

80 **Zwanzer, N.**
Technologisches Prozeßmodell für die Kugelschleifbearbeitung
1995, 65 Abb., 150 Seiten, ISBN 3-540-58634-2 88,– DM

81 **Romanow, P.**
Konstruktionsbegleitende Kalkulation von Werkzeugmaschinen
1995, 66 Abb., 151 Seiten, ISBN 3-540-58771-3 88,– DM

82 **Kahlenberg, R.**
Integrierte Qualitätssicherung in flexiblen Fertigungszellen
1995, 71 Abb., 136 Seiten, ISBN 3-540-58772-1 88,– DM

83 **Huber, A.**
Arbeitsfolgenplannung mehrstufiger Prozesse in der Hartbearbeitung
1995, 87 Abb., 152 Seiten, ISBN 3-540-58773-X 88,– DM

84 **Birkel, G.**
Aufwandsminimierter Wissenserwerb für die Diagnose
in flexiblen Produktionszellen
1995, 64 Abb., 137 Seiten, ISBN 3-540-58869-8 88,– DM

85 **Simon, D.**
Fertigungsregelung durch zielgrößenorientierte Planung und
logistisches Störungsmanagment
1995, 77 Abb., 132 Seiten, ISBN 3-540-58942-2 88,– DM

86 **Nedeljkovic-Groha, V.**
Systematische Planung anwendungsspezifischer Materialflußsteuerungen
1995, 94 Abb., 188 Seiten, ISBN 3-540-58953-8 88,– DM

87 **Rockland, M.**
Flexibilisierung der automatischen Teilebereitstellung in Montageanlagen
1995, 83 Abb., 151 Seiten, ISBN 3-540-58999-6 88,– DM

88 **Linner, St.**
Konzept einer integrierten Produktentwicklung
1995, 67 Abb., 168 Seiten, ISBN 3-540-59016-1 88,– DM

89 **Eder, Th.**
Integrierte Planung von Informationssystemen für rechnergestutzte
Produktionssysteme
1995, 62 Abb., 150 Seiten, ISBN 3-540-59084-6 88,– DM

90 **Deutschle, U.**
Prozeßorientierte Organisation der Auftragsentwicklung in mittelständischen
Unternehmen
1995, 80 Abb., !88 Seiten, ISBN 3-540-59337-3 88,– DM

91 **Dieterle, A.**
Recyclingintegrierte Produktentwicklung
1995, 68 Abb., 146 Seiten, ISBN 3-540-60120-1 88,– DM

92 **Hechl, Ch.**
Personalorientierte Montageplanung für komplexe
und variantenreich Produkte
1995, 73 Abb., 158 Seiten, ISBN 3-540-60325-5 88,– DM

93 **Albertz, F.**
Dynamikgerechter Entwurf von Werkzeugmaschinen - Gestellstukturen
1995, 83 Abb., 156 Seiten, ISBN 3-540-60606-8 88,- DM

94 **Trunzer, W.**
Strategien zur On-Line Bahnplanung bei Robotern mit 3D-Konturfolgesensoren
1996, 101 Abb., 164 Seiten, ISBN 3-540-60961-X 88,- DM

95 **Fichtmüller, N.**
Rationalisierung durch flexible, hybride Montagesysteme
1996, 83 Abb., 145 Seiten, ISBN 3-540-60960-1 88,- DM

96 **Trucks, V.**
Rechnergestütze Beurteilung von Getriebestrukturen in Werkzeugmaschinen
1996, 64 Abb., 141 Seiten, ISBN 3-540-60599-8 88,- DM

97 **Schäffer, G.**
Systematische Integration adaptiver Produktionssysteme
1996, 71 Abb., 170 Seiten, ISBN 3-540-60958-X 88,- DM

98 **Koch, M. R.**
Autonome Fertigungszellen - Gestaltung, Steuerung und integrierte Störungsbehandlung
1996, 67 Abb., 138 Seiten, ISBN 3-540-61104-5 88,- DM

99 **Moctezuma de la Barrera, J. L.**
Ein durchgängiges System zur computer- und robotreunterstützten Chirurgie
1996, 99 Abb., 175 Seiten, ISBN 3-540-61145-2 88,- DM